Aniket Sharma
Vandna Sharma

Factores ao nível da cidade, do bairro e do agregado familiar na utilização de energia em edifícios residenciais

Aniket Sharma
Vandna Sharma

Factores ao nível da cidade, do bairro e do agregado familiar na utilização de energia em edifícios residenciais

ScienciaScripts

Publisher:
Sciencia Scripts
is a trademark of
Dodo Books Indian Ocean Ltd. and OmniScriptum S.R.L publishing group

120 High Road, East Finchley, London, N2 9ED, United Kingdom
Str. Armeneasca 28/1, office 1, Chisinau MD-2012, Republic of Moldova, Europe
Printed at: see last page
ISBN: 978-620-7-86996-1

Conteúdo

Prefácio 2

Capítulo 1 3

Capítulo 2 5

Capítulo 3 22

Capítulo 4 58

Referências 60

Prefácio

Ao considerar o consumo de energia dos edifícios residenciais, as características do agregado familiar para as categorias físicas, socioeconómicas e de aparelhos são mais frequentemente consideradas, ao passo que o impacto das características urbanas e de vizinhança raramente é visto. Nesta análise, é identificada uma lista exaustiva de factores responsáveis pela utilização de energia em edifícios residenciais a partir de uma análise exaustiva da literatura a três níveis: cidade, bairro e agregado familiar. Os factores para estes níveis são seleccionados e classificados em quatro categorias, nomeadamente características ambientais, físicas, socioeconómicas e dos aparelhos para cada nível. A Ilha de Calor Urbana é considerada um fator ambiental responsável pela utilização de energia em alguns estudos citados e, por conseguinte, os estudos que se centram nos factores responsáveis pela Ilha de Calor Urbana, juntamente com o seu significado identificado, tal como mencionado em cada literatura, são listados de forma abrangente, uma vez que estes factores afectam indiretamente a utilização de energia através da Ilha de Calor Urbana. Este estudo inclui um trabalho de revisão ao longo de um período de 34 anos (de 1981 a 2015) que fornece uma lista abrangente de factores para cada um dos três níveis.

Os factores são identificados em cada estudo e o seu impacto na utilização de energia é também enumerado em termos de significado positivo, negativo, misto ou nulo. No total, foram identificados 14 factores físicos, 9 factores de vizinhança e 6 factores relacionados com os aparelhos a nível da cidade, 18 factores físicos a nível da vizinhança e 35 factores físicos, 20 factores de vizinhança e 45 factores relacionados com os aparelhos a nível do agregado familiar. Os factores responsáveis pela UHI incluem 10 factores ambientais, 30 factores físicos e 1 fator socioeconómico (em 23 citações), que são enumerados separadamente com a respectiva importância. A importância é ainda analisada em função das condições de estudo, como a área geográfica de estudo, o nível dos factores, a fonte de dados, a dimensão das amostras de dados, o método de análise utilizado e os processos de consumo de energia. Os factores identificados são ainda examinados quanto à sua repetição e à existência de factores reduzidos ou de factores básicos, sendo qualquer deles selecionado pelo autor tendo em conta a compreensão e a aceitação mais ampla pelas partes interessadas e a nomenclatura prevalecente de acordo com os regulamentos, códigos, etc. existentes. Assim, foi selecionado um total de 4 factores ambientais para todos os níveis de estudo; 6 factores físicos e 5 factores socioeconómicos para o nível da cidade; 6 factores físicos para o nível do bairro; e 20 factores físicos, 16 factores socioeconómicos e 6 factores de aparelhos para o nível do agregado familiar, que podem ser utilizados de forma vantajosa e abrangente em todos os estudos futuros.

Capítulo 1

Introdução

Verifica-se que os edifícios são os maiores consumidores de energia no mundo [1] e que existe um enorme potencial para a conservação de energia nos edifícios. A este respeito, as reformas necessárias em termos de códigos energéticos, regulamentos sobre a eficiência energética dos edifícios, programas de conservação de energia, etc., são aplicadas periodicamente de modo a utilizar a energia de forma judiciosa.

A conceção de um edifício residencial é considerada por um arquiteto, ao passo que a sua colocação e interação global à escala da cidade é preconcebida pelos urbanistas através do seu plano de desenvolvimento. Assim, o desenvolvimento de um edifício é uma responsabilidade conjunta do arquiteto e do urbanista. Um edifício construído num espaço urbano interage com a sua envolvente ao longo do seu ciclo de vida e consome vários recursos, sendo a energia um deles.

A forma urbana determina a energia consumida pela cidade em várias actividades, como os transportes, a indústria, a construção, etc. Tem sido efectuado um extenso trabalho de investigação sobre o impacto da forma urbana na utilização de energia nos transportes, ao passo que os estudos sobre o impacto da forma urbana na utilização de energia nos edifícios são limitados e este impacto raramente é visto de forma abrangente.

Alguns autores consideraram os factores urbanos a uma escala muito maior, ou seja, à escala da cidade ou à escala regional, enquanto outros consideram a envolvente imediata ou o microclima do local, ou seja, à escala do bairro, pelo que ambos são abrangidos pela análise. O estudo inclui também factores ao nível do agregado familiar muito investigados. O trabalho de investigação fornece um trabalho de revisão abrangente ao longo de um período de 34 anos (de 1981 a 2015) relativamente à utilização de energia de edifícios residenciais em relação ao efeito holístico da forma urbana, das características do bairro e dos pormenores do agregado familiar.

A secção 2 inclui a classificação dos estudos de investigação com base, inicialmente, na extensão física da área de estudo, que se situa a três níveis, nomeadamente ao nível da cidade, do bairro ou do agregado familiar, e, posteriormente, de acordo com os factores significativos identificados nos respectivos estudos. Na secção 3, o impacto dos factores no consumo de energia através do seu impacto "negativo", "positivo", "misto" ou "sem impacto" foi identificado e tabulado para os três níveis em quatro categorias, nomeadamente características ambientais, físicas, socioeconómicas e dos aparelhos. Verifica-se que o efeito da ilha de calor urbana (UHI) é um fator responsável pelo consumo de energia ao nível da cidade e do bairro. Assim, são considerados os estudos que se centram nos factores responsáveis pelo UHI e os factores responsáveis são enumerados separadamente, uma vez que estes factores afectam indiretamente o consumo de energia através do UHI. Na secção 4, a importância é ainda analisada em relação às condições de estudo, como a área geográfica de estudo, o nível dos factores, a fonte de dados, a dimensão das amostras de dados, o método de análise utilizado e os processos de consumo de energia considerados. A metodologia do trabalho é apresentada na Figura 1.

3

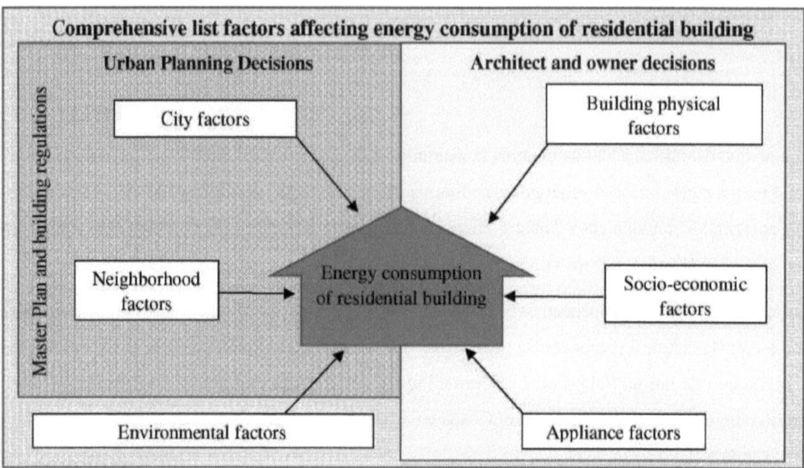

Figure 1: Methodology

O objetivo do estudo é encontrar uma lista abrangente de factores, incluindo características da cidade, do bairro e do agregado familiar, que afectam o consumo de energia dos edifícios residenciais. Esta lista será útil em vários domínios, incluindo agências reguladoras para o desenvolvimento de um quadro político a várias escalas, planeamento urbano, economistas, arquitectos e investigadores. Recomenda-se ainda que todos os factores identificados sejam considerados em todos os estudos futuros, de modo a obter resultados mais precisos. A UHI é considerada como um fator ambiental na lista exaustiva, enquanto os seus factores responsáveis são também identificados e listados separadamente e estes factores podem ser estudados em profundidade pelos investigadores que se concentram no estudo relacionado com a UHI e o seu efeito na utilização de energia.

Capítulo 2

Revisão da literatura

Os conceitos de "Forma urbana" e "Vizinhança" são importantes para serem discutidos aqui, uma vez que o objetivo deste estudo é rever o trabalho de investigação centrado na interação do edifício com a sua envolvente urbana, tendo em conta o seu efeito no consumo de energia, para além das características individuais do edifício.

O Elemento de Enquadramento do Plano Geral [2] define Forma Urbana como (a) o padrão geral da altura dos edifícios e da intensidade do desenvolvimento e (b) os elementos estruturais que definem fisicamente a cidade, tais como características naturais, corredores de transporte (incluindo o sistema de trânsito ferroviário fixo planeado), espaço aberto, instalações públicas, bem como centros de atividade e elementos focais. A conceção dos bairros é definida como o carácter físico dos bairros e das comunidades da cidade.

A partir da definição, interpreta-se que a forma urbana é decidida a partir da colocação e interação de blocos de construção num sistema estrutural da cidade. Muitos autores estudaram o impacto dos atributos a nível da cidade e do bairro no consumo de energia dos edifícios residenciais. Este facto reforça a importância de tais parâmetros.

No entanto, verifica-se que, na maior parte das vezes, o estudo sobre a tomada de decisões em matéria de conceção eficiente do ponto de vista energético se limita a analisar as propriedades alternativas de uma habitação individual, enquanto os factores à escala urbana não são considerados.

2.1 Estudos sobre as características das cidades

2.1.1 Factores de características ambientais

Cian, Lanzi e Roson [3] estudaram o impacto da mudança de temperatura na procura de energia para aquecimento e arrefecimento em vários países e climas. Verificou-se que a procura de energia aumenta ou diminui consoante o contexto climático do país. Nos países amenos, cada grau de aumento da temperatura resulta num aumento de 0,54% da procura de eletricidade, enquanto nos países quentes esse aumento é de 1,7%. Nos países frios, a diminuição da carga de aquecimento durante os Invernos prolongados é benéfica, tendo-se verificado que é necessário menos 0,51% de procura de energia para um grau de aumento da temperatura devido à UHI. Além disso, o rendimento e o preço da energia revelaram uma importância mista na utilização de energia para aquecimento e arrefecimento em vários países.

Verifica-se que a procura de energia depende da gama de conforto térmico e principalmente da temperatura do ponto de arrefecimento, também designada por temperatura de inflexão do limiar, e varia consoante o clima de cada local [4]

Hassid et.al [5] estudaram o impacto da UHI na carga de arrefecimento, para o qual o perfil da ilha de calor da parte ocidental e oriental de Atenas foi preparado a partir de medições climáticas e a carga de arrefecimento foi calculada através da simulação de 4 casas de um edifício de apartamentos utilizando os perfis gerados. Foi medida a diferença na carga de arrefecimento com e sem perfis de ilha de calor. Verificou-se que a carga de arrefecimento variava com o clima, a temperatura do ponto de regulação, a programação do ar condicionado, as trocas de ar e a orientação da fachada principal. Verificou-se que a carga de arrefecimento aumentou até 100% devido à UHI.

Hirano e Fujita [6] estudaram o impacto da UHI no consumo de energia para aquecimento e arrefecimento de edifícios comerciais e residenciais, considerando as distribuições espaciais e cronológicas do consumo de energia e da temperatura do ar na área metropolitana de Tóquio. Verificou-se que a UHI aumentou o consumo de energia no sector comercial e diminuiu nos edifícios residenciais devido ao ganho de calor no inverno. Verificou-se também que o consumo global de energia foi reduzido devido à UHI.

2.1.2 Factores físicos

2.1.2.1 Densidade urbana e estrutura urbana

Wei Yu et.al [7] identificaram e analisaram os factores responsáveis pelo padrão de consumo de energia de milhões de cidades na China. Foram recolhidos dados estatísticos das cidades sobre o consumo final de energia de eletricidade, gás de carvão, gás natural e GPL, juntamente com dados de parâmetros de ciências sociais, como o grupo de atributos da cidade, o grupo de demografia e o grupo de economia e indústrias, dados do grupo de transportes da cidade e do grupo de domesticidade. Foi estabelecida uma correlação entre os parâmetros das ciências sociais e os parâmetros de consumo de energia e os factores que apresentavam correlações (23 números) foram identificados como parâmetros importantes. Em seguida, estes 23 factores foram reduzidos a 4 novos factores independentes, nomeadamente: fator de escala da cidade, fator de nível de vida, fator de atração da cidade e fator de consumo de recursos, utilizando a extração de componentes principais e a rotação oblimin direta e, finalmente, os seus pesos foram fixados através da análise de regressão. Verificou-se que o fator escala da cidade e o fator atração da cidade são mais importantes a longo prazo para o consumo global de energia de um milhão de cidades.

Lariviere e Lafrance [8] estudaram o efeito da densidade urbana, do clima e das actividades socioeconómicas no consumo anual de energia de uma cidade canadiana típica, utilizando estatísticas, e concluíram que a densidade urbana é inversamente proporcional ao consumo de energia à escala da cidade.

Kahn [9] estudou o efeito da urbanização em 7040 casas individuais, com base em dados do US Residential Energy Consumption Survey (RECS). Verificou-se que as casas no centro da cidade consomem mais energia para aquecimento de espaços, combustível e eletricidade do que as suas congéneres suburbanas. Os factores responsáveis encontrados foram a densidade populacional, o consumo de terrenos, o número de veículos e as distâncias percorridas e o consumo de combustível. Holden e Norland [10] estudaram diferentes tipos de habitação de 120 casas em Oslo e verificaram o seu impacto no consumo de energia, juntamente com a densidade de utilização do solo e o carácter sócio-demográfico. Verificou-se que as casas unifamiliares e mais densas consomem mais energia do que as casas multifamiliares ou menos densas, respetivamente. Também se verificou que o desempenho energético era superior nas casas construídas com os novos códigos de construção relativos à eficiência energética.

Madlener e Sunak [11] analisaram o impacto da urbanização nas estruturas urbanas e no comportamento humano e, finalmente, na procura de energia de várias cidades, utilizando um estudo de caso. O autor considerou vários factores para o estudo, incluindo a densidade urbana e o consumo a nível doméstico. Verificou-se que as cidades compactas com maior densidade consomem menos energia. A nível doméstico, três factores conduzem a um maior consumo de energia em edifícios residenciais, nomeadamente: o estilo de vida urbano com procura de produtos comerciais, o papel do aumento do rendimento na mudança de comportamento e o efeito de ricochete da utilização de melhorias na eficiência energética.

2.1.2.2 Dimensão da cidade, população e densidade da área construída:

Pitt [12] considerou dados sobre unidades habitacionais de Blacksburg, Virgínia, provenientes de três fontes secundárias, nomeadamente os Censos dos EUA (2000), o American Community Survey (2005-2009) e o Residential Energy Consumption Survey (RECS) 2005, para determinar o impacto do planeamento da implementação de habitações compactas, como a preferência por habitações multifamiliares em vez de habitações unifamiliares. Verificou-se que é possível uma redução de 36% das emissões de gases com efeito de estufa utilizando apenas habitações compactas e sem considerar medidas adicionais de conservação/eficiência energética. Num estudo semelhante sobre dez regiões metropolitanas designadas pelo Censo da Virgínia, Pitt [13] concluiu que a redução das emissões de GEE é de aproximadamente 23% para os cenários mais agressivos de habitação compacta. Além disso, o potencial é mais elevado em regiões com poucos empreendimentos compactos e em regiões com invernos frios.

2.1.2.3 Utilização do solo e superfícies do solo

Jusuf et.al [14] estudaram o impacto da utilização do solo na temperatura ambiente da cidade de Singapura durante o dia e a noite. Os dados à escala da cidade são processados através de deteção remota e SIG e analisados com base em medições de temperatura efectuadas a partir de fontes secundárias e de dados de imagens de infravermelhos. Verificou-se que a UHI varia durante o dia e a noite consoante a utilização do solo. As zonas mais quentes durante o dia foram as seguintes: industrial, comercial, aeroporto, residencial e parque, respetivamente, ao passo que durante a noite foram as zonas comercial, residencial, parque, industrial e aeroporto. O autor sugeriu ainda a elaboração de directrizes em conformidade.

2.1.2.4 Árvores e coberto vegetal

Simpson [15] verificou que a cobertura florestal de árvores urbanas é significativamente eficaz na redução das necessidades energéticas dos edifícios. Um total de cerca de 4,42 lac casas de 71 localidades de Sacramento foram estudadas quanto à sua densidade energética unitária determinada para cada tipo de edifício, equipamento, número de edifícios e densidade de cobertura arbórea. Verificou-se que as florestas urbanas existentes reduzem a carga de arrefecimento em 12%, 6,1% e 6,6%, respetivamente, devido ao sombreamento, à temperatura do ar e à velocidade do vento. No entanto, a redução da velocidade do vento resulta num aumento da procura de energia de 1,8% para a ventilação.

Akbari, Pomerantz e Taha [16] recomendaram um programa de "comunidades frias" à escala nacional que incluísse telhados e pavimentos frios e a plantação de árvores urbanas. Indicaram que este programa pode poupar até 20% do total da carga de arrefecimento nacional, mas as superfícies frias também resultam numa penalização do aquecimento nos Invernos em alguns climas.

Donovan e Butry [17] efectuaram um estudo estatístico para estudar o impacto das árvores na carga de arrefecimento das casas no verão, considerando 460 casas unifamiliares em Sacramento, Califórnia. O estudo mostrou que a cobertura arbórea desempenha um papel estatisticamente significativo na redução do consumo de energia de arrefecimento no verão. Os outros factores estudados foram as características da casa e do lote (área da casa, área da piscina, área do lote, área da garagem, número de quartos, número de casas de banho, sistema de aquecimento e arrefecimento, idade da casa), a cobertura arbórea e a localização das árvores. Verificou-se que a localização das árvores, a área do lote, a área da casa e a área da piscina são estatisticamente significativas, ao passo que os outros factores não têm qualquer significado na utilização da energia de arrefecimento. Jensen, Boulton e Harper [18] analisaram o índice de área foliar (LAI) da floresta urbana de Terre Haute, Indiana, utilizando imagens e concluíram que o aumento do LAI diminuía o consumo de energia de arrefecimento em casas urbanas.

2.1.3 Factores socioeconómicos

Zhao, Nui e Zhang estudaram o impacto dos factores população e rendimento na pegada ecológica da utilização de energia entre casas urbanas e rurais da região ocidental do Planalto de Loess, na China. Os dados de 716 agregados familiares foram recolhidos através de um questionário e o seu consumo de energia de vários processos de consumo de energia foi calculado a partir do qual foram finalmente estimadas as emissões e a pegada ecológica. Em seguida, foi utilizado o modelo de regressão denominado STIRPAT para calcular o impacto da população, do rendimento e da tecnologia na pegada ecológica calculada. Verificou-se que as casas da capital da província consomem o máximo de energia per capita e que o consumo é diretamente proporcional ao rendimento e à população [19].

2.1.4 Factores de aparelhos

Como já foi referido em [7] e [8], foram considerados alguns factores dos aparelhos responsáveis pelo consumo de energia à escala da cidade. Wei Yu et.al [7] consideraram o impacto do número de aquecedores de água, número de televisões, número de frigoríficos, ar condicionado total e consumo de eletricidade do aparelho principal no consumo de energia, enquanto Lariviere e Lafrance [8] consideraram o fator Percentagem da casa que utiliza aquecimento elétrico como fator responsável.

2.2 Estudos a nível dos bairros

2.2.1 Factores físicos

2.2.1.1 Geometria urbana/ traçado e orientação das ruas

Ratti, Baker & Steemers [20] estudaram a relação entre o consumo de energia e a textura urbana de um conjunto típico de 3 cidades, nomeadamente Londres, Toulouse e Berlim. Foram gerados Modelos Digitais de Elevação (DEM) utilizando imagens de satélite para as alturas dos edifícios, enquanto as características das fachadas foram identificadas com base no processamento de imagens utilizando o MATLAB. De seguida, foi utilizado o modelo de simulação LT (Lighting and thermal) para calcular o consumo de energia.

Verificou-se que o consumo de energia não depende apenas da conceção do edifício, dos sistemas utilizados no edifício e da sua eficiência e do comportamento profissional (3 parâmetros), mas também da geometria urbana (4th parâmetro), uma vez que afecta os ganhos solares e a luz do dia num edifício. Mas a geometria urbana desempenha um papel menor no consumo de energia do que os outros três parâmetros. O consumo de energia também foi afetado pela geometria dos edifícios circundantes e também pelo microclima da zona. Verificou-se também que o conceito de zona passiva e não passiva é melhor indicador do que o rácio superfície/volume.

2.2.1.2 Densidade do bairro

Steemers [21] apresentou os resultados de vários estudos sobre variáveis de densidade urbana através de factores de vizinhança como a profundidade do edifício, a obstrução, a compacidade (forma do edifício) e o rácio de envidraçamento no consumo de energia de um edifício de escritórios típico para aquecimento ambiente no Reino Unido.

Kaza [22] utilizou dados do RECS 2005 de 4382 habitações e concluiu que o consumo de energia para aquecimento e arrefecimento do espaço doméstico depende mais do tipo de habitação do que do tamanho da habitação. O estudo utilizou a regressão quantílica e concluiu também que as habitações multifamiliares são mais eficientes em termos de dimensão do que as habitações unifamiliares. Conclui-se também que a densidade do bairro não tem qualquer impacto no consumo de energia.

2.2.1.3 Propriedades dos edifícios e das superfícies abertas

Yuk Hien Wong et.al [23] avaliaram o impacto da morfologia urbana envolvente no consumo de energia de um edifício localizado numa zona urbana de Singapura. O estudo considerou como principais factores de variação da temperatura os edifícios, a vegetação e o pavimento. Para tal, os factores considerados foram a vegetação (rácio de parcela verde), utilizando como opções a área verde e os pavimentos; a altura do edifício circundante para 15m, 30m, 45m e 60m; e a densidade do edifício circundante, considerando os edifícios existentes, 11 quarteirões, 14 quarteirões e 29 quarteirões à volta do edifício. A ferramenta de simulação STEVE foi utilizada para calcular a temperatura. Inicialmente, foram desenvolvidos 12 conjuntos de vegetação, altura e densidade e, em seguida, foram efectuadas mais 12 combinações aleatórias de quaisquer dois parâmetros e 8 combinações dos três parâmetros. Em seguida, T_{min} , T_{avg} e T_{max} foram calculados com recurso a equações e, por fim, verificou-se o impacto dos parâmetros na temperatura do edifício. Todos os factores foram considerados significativos para a alteração da temperatura e, consequentemente, para o consumo de energia do edifício.

Bouyer Julien et.al [24] estudaram o impacto do ambiente urbano exterior - albedo da superfície e formas urbanas - no efeito de ilha de calor para um grupo de quatro edifícios localizados no distrito de Lyon Confluence, em França, para quantificar o efeito na semana de verão e de inverno no que respeita à utilização de energia. O resultado foi que as formas urbanas, os materiais de superfície, o microclima e a utilização dos edifícios são parâmetros importantes a ter em conta na conceção urbana. O estudo concluiu que as superfícies horizontais contribuem para a UHI. Foi desenvolvido um coeficiente denominado coeficiente de reflexão médio, que é o efeito combinado do fator de vista do céu, da geometria e da morfologia e que é mais afetado pelas superfícies verticais e respectivos tratamentos. Finalmente, foi estudado o efeito do albedo devido ao tratamento da envolvente - superfície dura ou verde - e verificou-se que a importância é mista em vários edifícios.

Rosenfeld et.al [25] estudaram o impacto da substituição de pavimentos e telhados de cor branca por árvores à escala da cidade de Los Angeles e recomendam o mesmo para reduzir a carga de arrefecimento no verão em climas quentes.

2.2.1.3.1 Efeito Urban Canyon

J. Stromann-Andersen et.al [26] estudaram o impacto do rácio altura/largura do edifício e da rua urbana no consumo de energia para aquecimento, iluminação natural, ventilação e arrefecimento de um edifício. O estudo foi realizado em três níveis: um que descreve os desfiladeiros urbanos com altura de construção superior a 15m e diferentes larguras de rua, formando 6 desfiladeiros diferentes com rácios de altura/largura; o segundo e o terceiro são os tipos de construção e utilização, tais como apartamentos e edifícios de escritórios, cada um virado para quatro direcções diferentes. Os modelos de simulação foram gerados utilizando as propriedades térmicas do edifício e os níveis de iluminação diurna, ventilação, aquecimento e arrefecimento foram identificados e, consequentemente, as necessidades de energia artificial foram encontradas para cada combinação e o consumo total de energia foi calculado.

2.2.1.3.2 Fator de vista do céu

Kikegawa et.al [27] estudaram os efeitos da UHI na utilização de energia em edifícios de escritórios e residenciais em 23 bairros de Tóquio. Os edifícios foram classificados de acordo com o fator de visão do céu e foram aplicados modelos de simulação numérica multi-escala previamente desenvolvidos sobre factores como o equipamento de fonte de calor, a colocação de equipamento para descarga de calor residual, a composição da superfície e a propriedade radiativa. Sugeriu-se que o fator de vista do céu é um índice eficaz para recolher o calor e desenvolver estratégias de arrefecimento adequadas.

2.2.1.3.3 Árvores e coberto vegetal nos arredores

Rudie e Dewers [28] utilizaram dados de 113 residentes do Texas e concluíram que a sombra das árvores no telhado, a cor do telhado e a cor das paredes eram variáveis importantes para determinar o consumo de energia, das quais as árvores que sombreiam o telhado têm maior significado.

Akbari e Taha [29] simularam o efeito da utilização de cores claras (materiais com elevado albedo) e de vegetação na utilização de energia para aquecimento e arrefecimento em quatro cidades do Canadá. Verificou que a vegetação era mais eficaz do que a cor dos materiais e que ambos poupavam 10-20% de energia de aquecimento e 0-35% de energia de arrefecimento em várias cidades seleccionadas.

Parker [30] considerou uma casa móvel na Florida e estudou o impacto da plantação na taxa de consumo de energia e no custo da energia. Verificou que o consumo de energia de arrefecimento no verão pode ser reduzido até 50%.

Thayer et.al [31] compararam o consumo de energia de uma casa convencional com o de uma casa solar (uma casa com um isolamento adequado, mais iluminada pelo sol e com uma massa térmica total e uma área de janelas virada para sul para permitir uma menor infiltração de ar no inverno e uma maior ventilação) em cinco locais climáticos diferentes nos EUA. Verificou-se que a casa solar é significativamente mais eficiente em termos energéticos do que a casa convencional e que o grau de eficiência depende da localização climática. Também se verificou que as paredes e o telhado com sombra de árvores a leste e a oeste reduzem o consumo de energia.

Dewalle, Heisler e Jacobs [32] estudaram o impacto do sombreamento de árvores de folha caduca no consumo de energia de uma casa móvel numa zona florestal no centro da Pensilvânia. O estudo mostrou que o sombreamento das árvores consumia menos 75% da energia de arrefecimento do ar condicionado e 8% da energia de aquecimento no inverno. Um estudo semelhante [33] resultou em menos 18% de energia para aquecimento de espaços no inverno devido a um quebra-vento de pequenas árvores localizadas a 3 m de distância do edifício. No entanto, uma localização inadequada da plantação também pode resultar num maior consumo de energia.

Huang et.al [34] estudaram o efeito da copa das árvores como elemento de sombreamento nos ganhos solares, na velocidade do vento e na evapotranspiração e, finalmente, na carga de arrefecimento do protótipo de uma casa térrea situada em quatro locais climáticos diferentes - Sacramento, Phoenix, Lake Charles e Los Angeles - utilizando a ferramenta de simulação DOE-2.1C. Verificou-se que a evapotranspiração das plantas é mais eficaz do que o sombreamento e sugeriu-se ainda esquemas paisagísticos adequados para reduzir o efeito UHI.

Foram efectuadas montagens experimentais e estudadas por McPherson et.al [35], Akbari et.al [36], Laband e Sophocleus [37] e obtiveram resultados semelhantes para a cobertura e sombreamento das árvores.

No entanto, os estudos efectuados por Laveme e Lewis [38] e Pandit e Laband [39, 40] resultaram numa redução inferior a 10% da utilização de energia e, por conseguinte, foram considerados pouco ou nada significativos na redução da procura de energia.

2.2.1.4 Clima e UHI

Wong et.al [41] estudaram os corredores de ventilação urbana nas ruas da península de Kowloon, em Hong Kong, para estudar o impacto do índice de área frontal dos edifícios (um índice calculado para edifícios tridimensionais) para oito direcções de vento diferentes em diferentes utilizações do solo. Verificou-se que o índice desenvolvido, a densidade e a altura dos edifícios têm um significado positivo para a UHI, enquanto a cobertura verde tem um significado negativo. São identificadas outras vias de ventilação a nível da cidade, de acordo com as direcções do vento, a fim de aumentar as taxas de ventilação nas ruas urbanas para reduzir o efeito UHI.

Okeil Ahmed [42] identificou três formas urbanas - linear, em quarteirão e uma forma proposta de eficiência energética - para avaliar o seu comportamento em termos de ganhos de calor solar. Além disso, o autor sugeriu a utilização de telhados verdes, o desenvolvimento urbano compacto e o aumento dos fluxos de ar nas ruas urbanas para reduzir o efeito UHI e, finalmente, o consumo de energia.

Oke [43] também correlacionou com sucesso factores de vizinhança, como o rácio altura/largura (geometria do desfiladeiro) das ruas urbanas e o seu fator de visão do céu, com a UHI e verificou os seus efeitos significativos na UHI.

Além disso, Knowles [44] estabeleceu que a massa térmica do ambiente construído é uma função do rácio altura/área útil do ambiente construído. Por conseguinte, o rácio altura/área de pavimento também tem influência na UHI.

Santamouris et.al [45] et.al estudaram 10 canyons urbanos de Atenas e encontraram um aumento de 10º C na temperatura devido à UHI, o que resulta num aumento de até 3 vezes na carga de arrefecimento no verão e numa redução de 25% na carga de aquecimento no inverno. Além disso, verificou-se que a velocidade do ar foi reduzida em 10 vezes nos desfiladeiros urbanos devido à geometria urbana, o que reduz significativamente a taxa de ventilação. Considerou-se que os desfiladeiros urbanos com rácios de aspeto mais elevados apresentam mais UHI, o que resulta em menor movimento do vento e concentração de ar poluído devido às actividades humanas. Assim, a ventilação adequada das ruas urbanas aumentará a qualidade do ar exterior, o que resultará em passeios confortáveis para os peões. Considerando o mesmo, Mirzaei e Haghighat [46] desenvolveram um sistema de ventilação melhorado denominado sistema de ventilação pedonal. Trata-se de um sistema de condutas com uma técnica de controlo ativo que é utilizado para melhorar as trocas de ar, a temperatura e a velocidade no interior dos passeios para peões.

2.3 Estudos sobre as características do agregado familiar

Hirst, Goeltz & Carney [47] utilizaram pela primeira vez dados do National Interim Energy Consumption Survey (NIECS) de 4081 habitações dos EUA para prever o consumo total de energia e o combustível utilizado no aquecimento de espaços para as medidas de conservação de energia adoptadas, utilizando uma regressão. Verificou-se que o preço da eletricidade, a idade da habitação, a área útil, o ar condicionado elétrico, o aquecimento elétrico da água e os graus-dia de aquecimento eram os factores mais importantes. Também o número de crianças e adultos e o rendimento do agregado familiar foram considerados factores determinantes menos significativos do consumo de energia. Sugere-se ainda que se proceda à estratificação dos dados, incluindo o tipo de habitação, o rendimento, etc., para uma previsão mais exacta quando a dimensão da amostra contém variabilidade.

Ewing e Rong [48] utilizaram um método estatístico multivariado para avaliar o impacto da dimensão e do tipo de habitação na temperatura urbana e, finalmente, no consumo de energia para aquecimento e arrefecimento de edifícios residenciais. Foram utilizados dados RECS 2001 de 3737 unidades habitacionais de 50 estados e do Distrito de Columbia. Verificou-se que as unidades multifamiliares consomem menos 54% de energia de aquecimento e menos 26% de energia de arrefecimento do que as casas unifamiliares isoladas.

Bedir M et.al [49] estudaram 323 casas em dois distritos dos Países Baixos para identificar as características do agregado familiar, individuais, económicas, da habitação, dos aparelhos e do equipamento de iluminação e o seu impacto no consumo de energia das casas no inverno de 2008, utilizando o método do questionário. Foram ainda construídos três modelos de regressão utilizando os factores: duração da utilização dos aparelhos, número de aparelhos de iluminação e de aparelhos, duração da utilização total, respetivamente, e determinantes indirectos como a presença no primeiro modelo e as características do sistema económico do agregado familiar

(DHES) no segundo e terceiro modelos. O primeiro modelo identificou que as salas de hobby são importantes e que as salas de estar e a cozinha são insignificantes. No segundo modelo, a dimensão do agregado familiar, o tipo de habitação, a utilização da máquina de secar, os ciclos de lavagem e o número de duches foram considerados significativos, enquanto no terceiro modelo a duração total da utilização dos aparelhos e as características do DHES foram ambas significativas.

McLoughlin, Duffie e Conlon [50] estudaram a influência da habitação, das características dos ocupantes, do combustível para cozinhar e da eficiência esperada dos factores domésticos utilizando dados de contadores inteligentes de 4200 casas na Irlanda. Foram identificadas várias variáveis socioeconómicas a partir da literatura secundária e foram recolhidos dados variáveis de todas as casas. O autor desenvolveu quatro modelos de regressão, a saber: modelo de consumo total de eletricidade, modelo de características da habitação e dos ocupantes, modelo de aparelhos eléctricos e modelo de procura máxima de eletricidade e, finalmente, a significância da taxa de eficiência esperada dos factores socioeconómicos, de combustível e de eficiência esperada de cada modelo foi determinada através de regressão.

Baker e Rylatt [51] consideraram 48 terraços, 52 habitações isoladas e 48 habitações geminadas de duas cidades do Reino Unido e determinaram as suas áreas de pavimento utilizando o SIG. Foram utilizados outros formulários de inquérito "energy-surveyors" para recolher informações. Os dados relativos ao consumo de energia para o gás e a eletricidade foram obtidos junto do fornecedor e foram desenvolvidos modelos de regressão simples e múltipla para determinar a importância dos factores para as características do agregado familiar. Verificou-se que a área útil total, a ocupação, a idade da habitação, as divisões e os quartos e o trabalho em casa eram significativamente responsáveis pelo consumo de energia.

Tso e Yau [52] recolheram informações sobre o consumo de energia de 1516 agregados familiares em Hong Kong, na China. Foram registadas informações sobre o número de diferentes aparelhos existentes no agregado familiar, incluindo os respectivos modelos, potências nominais e padrões de utilização, tendo os dados sido estratificados de acordo com o tipo de habitação, as características do agregado familiar e a propriedade dos aparelhos. Em seguida, foram aplicadas três técnicas de modelação, nomeadamente a análise de regressão, a árvore de decisão e a rede neural, para a previsão do consumo de energia eléctrica no conjunto de dados desenvolvido. O tipo de habitação, as características do agregado familiar e a posse de aparelhos foram considerados factores significativos que influenciam o consumo de energia eléctrica. Observou-se que o ar condicionado consumia uma média de 59% de eletricidade num agregado familiar típico durante o verão, sendo que três factores, nomeadamente a dimensão do apartamento, o número de membros do agregado familiar e a posse de um aparelho de ar condicionado, foram considerados significativos.

Kavousian et.al [53] estudaram o consumo de eletricidade, o clima, as características socioeconómicas, a habitação, os aparelhos e o comportamento dos ocupantes de 952 agregados familiares nos EUA para analisar os determinantes estruturais e comportamentais do consumo residencial de eletricidade através de regressão. Os dados relativos ao consumo de energia foram obtidos a partir de contadores inteligentes, com base nos quais foram preparados os modelos de consumo mínimo e máximo. Verificou-se que o número de frigoríficos e os aparelhos de entretenimento são significativos durante os períodos de consumo mínimo, enquanto o número de ocupantes e os aparelhos de elevado consumo são responsáveis pelo consumo máximo. Também a idade e a posse de animais de estimação foram significativas, enquanto o rendimento, a propriedade do edifício e a idade do edifício foram insignificantes para o consumo de energia.

Gram-Hanssen et.al [54] recolheram inicialmente dados ao nível dos agregados familiares, incluindo dados socioeconómicos, dimensão do edifício e tipo de edifício de 50000 agregados familiares na Dinamarca, para descobrir o seu impacto no consumo de energia. Em seguida, foram recolhidos dados relativos ao padrão de utilização de energia dos aparelhos e das lâmpadas em cada 10 minutos, utilizando um contador discreto ligado a cada aparelho em 100 agregados familiares. Os dados foram ainda reduzidos a 10 casas com informações pormenorizadas sobre o seu estilo de vida quotidiano e dados pormenorizados sobre o edifício, utilizando o método de entrevista. Em seguida, foi utilizada a regressão para determinar a importância de todas as variáveis no consumo de energia. Verificou-se que a idade e o rendimento eram as variáveis mais significativas, ao passo que outras variáveis, como o tipo e a dimensão da habitação e o número de ocupantes, só podem descrever 30-40% da variação no consumo doméstico de eletricidade.

Mais tarde, Bartiaux e Hanssen [55] alargaram o trabalho de investigação de [54] de modo a incluir 500 casas da Bélgica para comparar o consumo de eletricidade, exceto o aquecimento ambiente, utilizando dados de inquéritos e dados secundários. O estudo revelou que a variação de 30-40% na Dinamarca e de 10-30% na Bélgica se deve ao tipo e à dimensão da habitação e ao número de ocupantes. O estudo mostrou também que o número e o padrão de utilização dos aparelhos são mais significativos do que a eficiência dos aparelhos. O autor recomendou ainda alterações políticas específicas para a Bélgica e a Dinamarca.

Leahy e Lyons [56] estudaram o impacto da posse de electrodomésticos no consumo doméstico de energia utilizando uma análise de regressão. Os dados de 6884 agregados familiares foram retirados do Irish Household Budget Survey (2004-2005) e foram recolhidas informações adicionais através de inquéritos sobre o número de aparelhos por tipo e o seu padrão de utilização foi previsto pelo autor. As variáveis como a localização do agregado familiar, o número de divisões do alojamento, o período em que o alojamento foi construído, o tipo de alojamento, a posse, a composição do agregado familiar, a composição da família, o grupo social do Chefe do Apoio Económico (CES), a situação profissional do CES, o nível de educação do CES, a idade do CES, o rendimento do agregado familiar, os electrodomésticos, os métodos de cozinhar e os métodos de aquecimento foram utilizados para o modelo de regressão. A localização do agregado familiar, o número de divisões, o rendimento do agregado familiar, o nível de educação do CES, a idade do CES, o rendimento do agregado familiar, o número de pessoas, as características do alojamento, a região e a idade do CES, o número de electrodomésticos e o padrão de utilização, a posse da habitação e a situação profissional do CES foram consideradas variáveis significativas.

Carter et.al [57] estimaram a procura de eletricidade utilizando dados do Inquérito aos Clientes Residenciais que contêm o consumo de eletricidade de cada agregado familiar, a posse de aparelhos e informações demográficas relativas a 130 agregados familiares dos Barbados para o ano de 1997. A elasticidade do rendimento e do preço foi obtida utilizando um método estatístico para os agregados familiares. Verificou-se que o número de divisões, o número de quartos e a máquina de lavar roupa são factores significativos, ao passo que os ocupantes do agregado familiar, o rendimento e outros aparelhos, incluindo o frigorífico, são insignificantes para o consumo de energia.

2.3.1 Orientação

Paradis et.al [58] simularam a orientação de uma casa típica da cidade do Quebeque e verificaram o seu impacto nas cargas de aquecimento e arrefecimento da casa. Verificou-se que a orientação óptima era a orientação da frente da casa para 20 graus a leste do sul e, assim, também orientada para a orientação óptima da rua.

2.3.2 Forma do edifício

Pacheco R et.al [59] analisou a literatura para descobrir os critérios de conceção de edifícios apresentados por vários trabalhos de investigação e compilou o resultado de cada um desses critérios para atingir a eficiência energética no aquecimento e arrefecimento. Os critérios de conceção considerados foram a forma do edifício (compacidade), o papel do clima na forma; orientação - radiação solar recebida, relação entre orientação e forma; sistema de envolvente, métodos passivos de aquecimento e arrefecimento, sombreamento e envidraçamento.

Bostancioglu [60] estudou o efeito da alteração da forma, da orientação e das características da envolvente no custo de construção, na energia e no ciclo de vida de edifícios residenciais quadrados, rectangulares, em forma de estrela e em forma de H, utilizando um programa informático para a alteração da procura de energia e métodos básicos de cálculo de custos. Verificou-se que a forma do edifício era a variável mais significativa para o custo da energia.

2.3.3 Conceção de edifícios

Boehm Robert F. [61] tentou reduzir o pico de carga eléctrica de casas residenciais, considerando 185 casas dos EUA. Verificou-se que a conceção do edifício desempenhava um papel fundamental, enquanto a utilização de painéis fotovoltaicos ajudava a reduzir a procura e a gestão do lado da procura desempenhava um papel muito reduzido na redução da procura de eletricidade.

Mechri Houcem Eddine et.al [62] avaliaram os factores de conceção de um edifício de escritórios, nomeadamente o rácio de compacidade, a envolvente, a capacidade de absorção, a orientação, o sombreamento exterior e a capacidade calorífica interna efectiva, a fim de determinar a sua contribuição para o desempenho energético utilizando uma análise de sensibilidade. Os valores de cada variável foram tomados como referência pela regulamentação italiana em matéria de construção e foi utilizado um método estatístico, a Análise de Variância (ANOVA), para descobrir a contribuição de cada variável para o desempenho energético do aquecimento e do arrefecimento. Verificou-se que o rácio da superfície transparente da envolvente (WWR), o rácio de compacidade e a capacidade térmica interna efectiva são os mais sensíveis, ao passo que o fator de redução do sombreamento exterior e a orientação são menos de 10% sensíveis e a absorção do material (cor) não é significativa.

K.A. Antonopoulos et.al [63] estudaram o impacto de várias superfícies interiores e aberturas no desempenho térmico (capacitância térmica da superfície interior e coeficiente de perda de calor) de um edifício utilizando o procedimento de diferenças finitas. O calor contribuído por vários comportamentos humanos, como a hora de abertura das portas, a permanência de visitantes, a utilização de aquecedores com ventoinha, etc., foi demonstrado juntamente com a alteração dos materiais interiores, das dimensões das fenestrações, da área do pavimento e da temperatura interior.

Pyeongchan Ihm & Moncef Krarti [64] desenvolveram uma abordagem para otimizar a conceção de edifícios residenciais na Tunísia, de modo a minimizar o seu CCV e aumentar a sua eficiência energética. Uma residência unifamiliar foi estudada quanto à sua orientação, localização e tamanho das janelas, tipo de envidraçamento, níveis de isolamento das paredes e do telhado, dispositivos de iluminação, electrodomésticos e sistemas de aquecimento e arrefecimento. Ao fazer a combinação dos parâmetros mais óptimos, foi adotado um método de pesquisa sequencial para reduzir o número de modelos para análise e o tempo necessário para analisar cada modelo em computador. Os resultados foram comparados com o método convencional de otimização por força bruta. A moradia unifamiliar selecionada para a análise de 14

O estudo baseou-se em inquéritos de campo e num modelo de simulação desenvolvido e testado para otimização. Verificou-se que só é possível poupar mais de 10% de energia se se utilizar um frigorífico eficiente com 65% de eficiência (14,5% de poupança de energia) e se se utilizar um sistema de iluminação eficiente que utilize menos 70% do nível de iluminação (13% de poupança). Todos os outros factores, incluindo o tipo de vidro duplo Low-e (7,3% de poupança), 75% de infiltração reduzida (5,5% de poupança), 95% de eficiência da caldeira (2,5% de poupança), COP do ar condicionado 3,5 (4,7% de poupança), 10% WWR (6,8% de poupança), isolamento do telhado R-17 (3,6% de poupança), isolamento da parede R-17 (3,1% de poupança), orientação a 90 graus (0,4% de poupança) são considerados insignificantes, uma vez que a sua poupança foi inferior a 10%.

Clark e Berry (1995) [65] estudaram 148 habitações unifamiliares de Phoenix para descobrir o impacto das medidas de conservação de energia no consumo de energia das habitações. O autor recolheu dados através de uma auditoria energética e de um inquérito sobre várias características físicas, socioeconómicas e dos aparelhos, a fim de determinar o seu impacto no consumo de energia de arrefecimento, tanto para o ar condicionado como para o ar condicionado duplo (ar condicionado com baixo nível de isolamento do sótão), para os dias úteis de verão e para todas as horas de verão, separadamente, utilizando a regressão. Verificou-se que, no caso de um edifício com apenas ar condicionado, os vidros de um só painel, ao passo que, no caso de um edifício com duplo condicionamento, uma maior área de janela e menos vidros virados para oeste poupam mais energia.

Doosam Song et.al [66] estudaram o efeito da regulamentação dos edifícios no consumo de energia em edifícios residenciais na Coreia, em que se estudou o efeito da alternância do espaço da varanda (com ou sem varanda) no consumo de energia num edifício de apartamentos. Os dados foram recolhidos através de medições no terreno e foram calculadas as cargas energéticas de iluminação, aquecimento e arrefecimento, tendo sido desenvolvido um modelo de simulação em TRANSYS, Window5 e Therm5. Este modelo foi utilizado para calcular a carga energética total devido às alterações das varandas em todos os edifícios de apartamentos e verificou-se que a conversão da área da varanda em espaço fechado consumia mais energia e, por conseguinte, mostrou que a área total do piso tem um papel significativo na utilização de energia do edifício.

Escriva, Guillermo Escriva et.al [67] estudaram edifícios em fase de utilização e determinaram os índices para avaliar a eficiência energética utilizando o fator de classificação energética desenvolvido a partir da normalização de factores. Os dados primários foram recolhidos através de auditorias energéticas para o comportamento do consumo de energia, utilizando o Sistema de Gestão e Controlo de Energia (EMCS) e as características físicas, e os dados secundários continham leituras de contadores de energia para o consumo de energia da agência em causa. Em seguida, foi estudada a relação entre o comportamento de consumo e os parâmetros dimensionais do edifício e outras características do edifício, como tipos, horas de utilização, número de utilizadores e sistema de ar condicionado utilizado e parâmetros ambientais, utilizando o método econométrico. Verificou-se que o consumo de energia depende principalmente do número de utilizadores, das horas de utilização do AC e do tipo de AC utilizado.

Timothi e Bandhosseini [68] estudaram o impacto da forma do edifício, do tipo de envolvente, da orientação e do WWR no consumo de energia. O estudo considerou o impacto das variações geométricas e de materiais utilizando dois tipos de análises de sensibilidade e ambos se revelaram significativamente sensíveis ao consumo de energia

consumo. Verificou-se que um rácio de aspeto menor (especialmente a área da parede e as propriedades térmicas), um edifício com dois níveis e um rácio de aspeto de 1:1 têm um melhor desempenho em termos de poupança de energia, enquanto a área do telhado e a orientação têm pouca importância. Nas propriedades materiais do edifício, WWR, janela U, SGHC, parede R e beiral também são significativos. O estudo salientou que a importância dos factores depende das condições climáticas do local.

Cramer et al. [69] examinaram os factores determinantes responsáveis pela carga de verão de habitações unifamiliares na Califórnia, tendo obtido dados sobre demografia, características físicas e padrões detalhados de consumo de energia relativos à propriedade dos aparelhos, frequência de utilização e localização na habitação, eficiências médias publicadas e factores de sazonalidade estimados de 192 habitações na Califórnia em 1981. Outras informações recolhidas foram analisadas através de dois modelos de regressão. Verificou-se que o rendimento familiar, a dimensão do agregado familiar, a presença de adultos e a gama de conforto térmico para arrefecimento são factores significativos para o consumo de energia em agregados familiares com ar condicionado.

Zhou e Teng [70] estudaram 5980 agregados familiares localizados em 17 cidades do sudoeste da China para descobrir o impacto do preço da energia, do rendimento e de variáveis relacionadas com o estilo de vida, como a demografia, a dimensão da habitação e o número de electrodomésticos, utilizando um modelo de mínimos quadrados ordinários. Jones e Lomas [71] estudaram o impacto dos factores socioeconómicos e de habitação que afectam o elevado consumo de energia eléctrica em 315 habitações no Reino Unido, utilizando uma análise de rácio de probabilidades. Verificou-se que o número de ocupantes, a área do piso, o rendimento do agregado familiar, o tipo de habitação, a presença de aquecimento elétrico do espaço e da água, a idade do chefe de família, o número de quartos, a idade dos membros da família (presença de adolescentes, crianças, idosos) e a situação profissional do chefe de família eram factores significativos, ao passo que factores como a idade da habitação, o tipo de posse (propriedade), o nível de instrução e a classificação social do chefe de família, a presença de iluminação de baixo consumo e o número de pisos não tinham qualquer significado no consumo de energia dos agregados familiares.

Wiesmann et.al [72] estudaram o impacto das características socioeconómicas e da habitação no consumo de energia per capita dos edifícios residenciais em Portugal. Os dados secundários de 7925 agregados familiares foram analisados através de uma análise econométrica. Verificou-se que as características socioeconómicas, tais como o número de ocupantes, a presença de crianças e o tipo de propriedade, e as características da habitação, tais como o tipo de habitação, a idade da habitação, o número de divisões e a área total de pavimento e o número total de aparelhos, têm uma influência significativa no consumo de eletricidade residencial, ao passo que o rendimento tem uma importância importante, mas em menor grau.

Brounen et.al [73] estudaram 300 000 casas dos Países Baixos para descobrir o impacto das especificações técnicas das habitações e das características demográficas na utilização de eletricidade e gás. Os dados secundários dos agregados familiares foram analisados através de análise estatística. Concluiu-se que o rendimento, a composição familiar - número de ocupantes, idade dos ocupantes, idade do chefe de família e envelhecimento da população são factores socioeconómicos importantes para o consumo de eletricidade, ao passo que o tipo de habitação, a idade da habitação, o número de divisões e a área útil total são factores importantes para a habitação e o número total de aparelhos é um fator significativo para determinar o consumo de eletricidade.

Wyatt [74] estudou as características físicas e socioeconómicas dos edifícios residenciais de Inglaterra para compreender a sua importância para a eficiência energética e desenvolver um quadro de dados de eficiência energética para o sector doméstico. Foram recolhidos e analisados dados secundários de consumo de 35.28.100 agregados familiares ingleses através de análise estatística. Verificou-se que as características físicas, como o tipo de habitação, a idade da habitação e a área útil total, e as características socioeconómicas, como o número de adultos e o tipo de propriedade, têm um papel significativo no consumo de energia.

Num estudo semelhante, Estiri [75] estudou o impacto dos factores do edifício e do agregado familiar no consumo de energia dos edifícios residenciais dos EUA. Foram analisados dados secundários (RECS, 2009) de 11590 agregados familiares, utilizando constructos latentes para a análise de correlação. O estudo concluiu que o tipo de habitação, o número de divisões e a dimensão da habitação (área útil total) dos factores de construção e o rendimento, a dimensão do agregado familiar, o estado civil e o número de adultos dos factores do agregado familiar são responsáveis pelo consumo total de energia.

Bartusch et.al [76] estudaram o impacto das características do agregado familiar e do edifício no consumo espacial anual de eletricidade das habitações unifamiliares suecas. Foi selecionado um total de 595 agregados familiares de três áreas geográficas da Suécia Central e as leituras horárias dos contadores de energia foram registadas para determinar o consumo anual total. Verificou-se que o sistema de aquecimento ambiente com caldeira eléctrica era o mais significativo entre os vários métodos de aquecimento ambiente e que os factores responsáveis eram a área geográfica, o número de ocupantes, a idade do edifício, o aquecedor elétrico de água e o aquecimento elétrico por piso radiante. Já os factores socioeconómicos e físicos, como a composição familiar, a presença de adolescentes, o número de pisos, o isolamento suplementar das paredes exteriores, o isolamento suplementar das vigas do teto do sótão, as janelas economizadoras de energia e as instalações que consomem e poupam energia, como o pré-aquecedor do motor do automóvel e a sauna, o permutador de calor da ventilação, o sistema de controlo da temperatura interior, o depósito acumulador e o sistema de controlo da procura de energia, não revelaram qualquer importância.

Min et.al [77] estudaram 4.382 agregados familiares nos EUA, utilizando dados RECS 2005, para descobrir o efeito do preço da energia, das características do agregado familiar, das características da unidade de alojamento e do clima regional nas quatro principais categorias de utilização final de energia residencial: aquecimento ambiente, aquecimento de água, arrefecimento e electrodomésticos. Verificou-se que a dimensão da habitação (número de divisões), o clima, o equipamento de aquecimento, o tipo de combustível e a idade do edifício são factores responsáveis pelo aquecimento e arrefecimento do espaço, pelo aquecimento da água e pelo consumo de energia dos aparelhos em edifícios residenciais.

Ugursal V. Ismat [78] estudou o impacto da utilização de aparelhos energeticamente eficientes na eficiência energética das residências utilizando um modelo de simulação e revelou que, como a percentagem de utilização de energia pelos aparelhos não é muito elevada, a melhoria de 10% da eficiência do equipamento pode resultar numa melhoria global de apenas 1% da energia da residência e, por conseguinte, pode não ser significativa para a eficiência energética global.

2.4 Estudos sobre o efeito da UHI

2.4.1 Impacto do UHI através de variáveis exteriores e interiores

2.4.1.1 Temperatura do ar

Além disso, vários autores consideraram o UHI como um dos principais actores no consumo de energia à escala da cidade. O efeito da UHI foi encontrado devido às propriedades térmicas do material, à geometria radiativa do Canyon, ao calor antropogénico, ao efeito de estufa urbano, às propriedades albedo dos materiais, à redução da superfície de evaporação e à redução da transferência de turbulência que resultou na alteração da temperatura ambiente, o que afectou ainda mais a carga de aquecimento e arrefecimento [43,79, 80]. Os resultados obtidos no estudo complementam o estudo [27], no qual a alteração do consumo de energia foi avaliada devido à alteração da temperatura do ar. Além disso, esta alteração na temperatura do ar devido à ITU resultou numa redução da velocidade do vento devido à geometria do desfiladeiro e numa menor transferência de turbulência que reduziu a ventilação dos edifícios [26, 79, 80]. Kolokotsa e Karapidakis (2009) desenvolveram o Índice de Desconforto para o verão de 2007 para indicar as condições de vida no exterior. O estudo considerou a monitorização da diferença de temperatura ambiente medida no local e em estações meteorológicas para quantificar o impacto da UHI numa cidade metropolitana da Grécia, considerando variações diárias, mensais e diurnas, ondas de calor, vento e precipitação [81]. A existência do efeito UHI, a intensidade, a dimensão e a forma foram explicadas através das variações da temperatura do ar encontradas nas medições efectuadas no local e nas medições das estações meteorológicas. O estudo revelou que a temperatura do ar era mais elevada nas zonas urbanas devido ao efeito UHI.

2.4.1.2 Concentração da poluição

O efeito da concentração da poluição na doença dos ocupantes e na qualidade do ar interior e, finalmente, no consumo de energia e nas medidas de eficiência foi relatado por Fisk [82].

Sarrat et.al [83] estudaram o impacto do UHI na concentração regional da poluição atmosférica durante o dia e a noite na região de Paris. Em primeiro lugar, o efeito do UHI foi quantificado utilizando a simulação com e sem o modelo de cobertura urbana do balanço de energia da cidade (TEB). Verificou-se que o UHI era mais forte durante a noite e também que as concentrações de poluição (ozono e óxidos de azoto) eram maiores. O estudo mostra a importância positiva do UHI na concentração de poluição da cidade.

O estudo Urban Heat Island Pilot Project [84], lançado em três cidades dos EUA, que recomendava a utilização de superfícies frescas e de coberturas verdes para reduzir as concentrações de poluição e o smog, chegou a conclusões semelhantes.

2.4.1.3 Radiações solares e velocidade do vento

Giridharan, Ganeshan e Lau [85] consideraram 3 zonas urbanas de Hong Kong e estudaram o impacto de variáveis de conceção como a área de vidro em relação à superfície, o rácio altura total em relação à área de pavimento, o albedo da superfície, a área verde local, o rácio largura/altura, a proximidade do dissipador de calor, o fator de vista do céu, o rácio da área construída circundante, a altitude do local, a velocidade do vento e a radiação solar no efeito diurno da UHI, utilizando regressão múltipla. O estudo resultou em significâncias diferentes para as propriedades seleccionadas, de acordo com as condições existentes, e concluiu que o albedo da superfície tem um impacto negativo significativo e o fator de vista para o céu tem um efeito positivo significativo nas 3 propriedades, enquanto o rácio área de vidro/superfície tem uma significância tanto negativa como positiva em várias propriedades, a massa do edifício (rácio altura total/área útil) e as radiações solares têm uma significância positiva apenas numa propriedade. Assim, pode dizer-se que o impacto dos factores na utilização de energia depende do local específico e não pode ter um efeito semelhante em vários locais de uma grande cidade.

2.4.1.4 Calor radiante

Stone e Rodgers [86] descobriram que o desenvolvimento de baixa densidade onde a floresta é substituída por relvado tem um albedo mais baixo e liberta mais energia térmica radiante. Este facto, por sua vez, contribuiu para a UHI e para a intensificação dos fenómenos de calor.

2.4.1.5 Árvores

McPherson [87] estudou a colocação adequada de árvores de folha caduca na casa, no clima do Utah, e considerou-as significativas na redução da UHI e também da carga de arrefecimento no verão.

2.4.1.6 Calor antropogénico

Wienert e Kuttler [88] estudaram os dados do UHI de 223 cidades entre as latitudes 43° S e 65° N para descobrir o impacto da latitude no UHI. Os vários factores considerados foram o calor antropogénico como resultado do consumo de energia, a população da cidade, a altura acima do nível do mar e as características topográficas. Verificou-se que os factores altura acima do nível médio do mar e características topográficas são significativos.

2.4.1.7 Alterações do estado físico

Emmanuel [89] cunhou o termo "guarda-chuva de sombras" através da sua investigação que discutiu o papel de algumas das variáveis de utilização do solo (hora das actividades na rua) e da forma construída (traçado e orientação da rua, localização de árvores e lagos, ângulos de sombra dos edifícios nas ruas) na manutenção do ambiente exterior termicamente confortável para os peões.

Emmanuel [90] estabeleceu que o sombreamento dos edifícios, as propriedades térmicas das superfícies duras, o fator de visão do céu, o traçado e a orientação das ruas têm um impacto crítico no conforto térmico exterior e também na UHI nocturna, ao passo que a cobertura arbórea e a sua sombra têm um impacto menor no consumo de energia das habitações, uma vez que é possível obter uma quantidade semelhante de sombra através das habitações circundantes. Verificou-se também que as árvores reduzem a velocidade do vento, o que resulta num aumento da UHI. O estudo também demonstrou que os tratamentos dos edifícios e das superfícies circundantes contribuem para a UHI, o que resulta numa modificação do clima urbano. Bottyan e Unger [91] utilizaram dados secundários e fotografias aéreas da cidade de Szeged, Hungria, para determinar a influência das superfícies urbanas (rácio de construção, fator de visibilidade do céu, altura dos edifícios e albedo da superfície) na temperatura do ar. A base de dados foi gerada utilizando dados secundários e fotografias aéreas e o impacto na UHI foi determinado utilizando a regressão. Todos os factores foram considerados significativos para o aumento da temperatura do ar.

Taha [92] analisou o impacto do albedo e do coberto vegetal no aumento da temperatura em 12 cidades globais, utilizando a experimentação e a simulação. O autor considerou-os significativos, enquanto o calor antropogénico tem um efeito significativo apenas nas zonas centrais e pouco nas zonas suburbanas e à escala residencial.

Capítulo 3

Discussões

Os estudos acima referidos revelam que as características físicas, socioeconómicas e de equipamento de vários níveis são responsáveis pelo consumo de energia dos edifícios em graus muito diferentes. No entanto, estas características são afectadas por factores de características ambientais que são definidos por diversas variáveis exteriores, como a temperatura, a radiação solar, o vento, etc., como mostra a Figura 2.

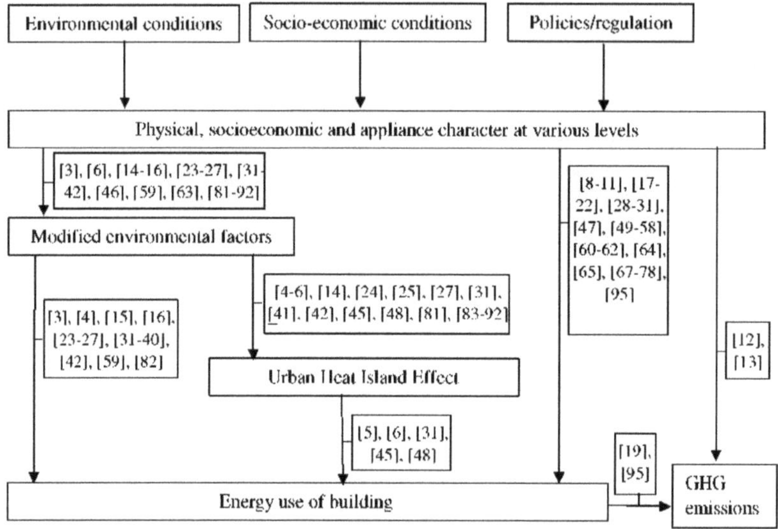

Figura 2: Relação das variáveis exteriores e do UHI com o consumo de energia

É principalmente o estado físico (que inclui factores físicos do edifício ao nível do bairro, da cidade e do agregado familiar) a todos os níveis que interage com as variáveis exteriores existentes (temperatura, radiações solares, vento, etc.) e todas estas variáveis resultam na modificação do ambiente exterior ([3,6,14-16,23-27,3142,46,59,81,83-92]) e interior ([63,82]). Estas variáveis modificadas em termos de aumento da temperatura do ar/calor na área urbana resultam ainda mais no efeito UHI ([[4-6,14,24,25,27,31,41,42,45,48,81,83-92]) ou resultam na alteração do consumo de energia dos edifícios ([3,4,15,16,23-27,31-40,42,59,82]). A UHI é medida como uma temperatura relativa mais elevada nas zonas urbanas do que nas zonas rurais circundantes devido à modificação das variáveis exteriores em resultado de várias actividades humanas. Alguns estudos identificaram o impacto da UHI na utilização de energia dos edifícios, nomeadamente [5, 6, 31, 45, 48]. Há vários estudos que se centram no impacto direto do estado físico na utilização de energia dos edifícios, como em [8-11,17-22,28-31,47,49-58,60-62,64,65,67-78,95], dos quais os estudos [19] e [95] resultaram no seu impacto nas emissões de gases com efeito de estufa (GEE). No entanto, poucos autores consideraram o impacto do estado físico diretamente nas emissões de GEE, como em [12] e [13].

3.1 Importância dos factores para o consumo de energia

Verifica-se que muitos autores estudaram o impacto de factores na utilização de energia de edifícios residenciais a três níveis: cidade, bairro e agregado familiar, juntamente com factores de características ambientais. O impacto dos factores seleccionados em cada nível é identificado para cada análise de estudo que mostrou ser positivo, negativo, misto ou sem significado na utilização de energia. Em cada estudo, os factores que aumentam a utilização de energia são considerados positivos e os que diminuem a utilização de energia são considerados negativos em termos de significância. Os factores que produzem menos de 10% de variabilidade no consumo de energia são definidos como não tendo efeito significativo. Os factores que produzem tanto um impacto positivo como negativo no consumo de energia são considerados de significância mista. A significância mista é obtida nos estudos em que se considera o consumo de energia de edifícios em mais do que um local e em que um local apresenta uma significância positiva, enquanto outro apresenta uma significância negativa, pelo que se considera que o fator apresenta uma significância mista em geral. Alguns factores foram agrupados, uma vez que não foi possível identificar factores individuais em alguns estudos. Por exemplo, o fator "distância do edifício circundante/ dimensão do lote ou dimensão do terreno" é um fator que inclui todos os estudos que consideram a distância entre o edifício em estudo e os edifícios circundantes, a dimensão do lote/ dimensão do terreno e os dois factores são considerados em conjunto em alguns estudos. O mesmo é feito para os factores "geometria urbana/ traçado e orientação das ruas", compacidade/densidade do edifício", "área da piscina/área do dissipador de calor", "área total de pavimentos/área da casa", "forma/ rácio de aspeto", "rácio de envidraçamento/WWR", "fator de redução do sombreamento exterior/ sombreamento das janelas", "altura do edifício a partir do nível do solo/altura da parede", "melhorias na eficiência energética/conservação/regulamentação do edifício", "número de ocupantes/dimensão do agregado familiar" e "eficiência energética/aparelhos com estrela energética". A lista de factores seleccionados e a sua importância em cada estudo é apresentada no Quadro 1, que mostra os factores relativos às características ambientais a todos os níveis, no Quadro 2 os factores relativos à cidade, no Quadro 3 os factores relativos à vizinhança e no Quadro 4 os factores relativos ao agregado familiar, respetivamente. A Tabela 2 também destaca os estudos que consideram a UHI como um fator de avaliação do consumo de energia.

Tabela 1: Factores de características ambientais identificados e sua importância para a utilização de energia

Factores de características ambientais	Impacto na utilização de energia			
	Positivo	Negativo	Misto	Sem efeito
Nível da cidade				
Clima			[4], [7], [9], [76]	
Dias de curso	[8]			
Gama de conforto térmico / Limiar Temperatura de inflexão			[4]	
Efeito de ilha de calor urbana	[4], [5], [6], [14], [16], [81], [83], [84], [86], [87],		[23]	

	Positivo	Negativo	Misto	Sem efeito
	[88]			
Temperatura do ar	[3]			
Nível de vizinhança				
Clima			[13], [20], [23], [25], [26], [31], [34]	
Velocidade do vento	[16]	[42]		
Radiações solares	[42], [43], [48],			
UHI	[24], [25], [27], [31], [34], [35], [41], [42], [45], [48], [85], [89], [90]			
Nível do agregado familiar				
Clima			[5], [59], [65], [77]	
Dias de curso	[9], [47]			[47]

Quadro 2: Factores identificados a nível da cidade e sua importância para a utilização de energia

Factores a nível da cidade	Impacto na utilização de energia			
	Positivo	Negativo	Misto	Sem efeito
Características físicas				
Orientação			[21]	
Densidade urbana		[10], [11], [12], [13], [86]		
Área urbana construída	[7]			
Dimensão do agregado familiar	[9]			
Área útil per capita	[9]	[7]		
Telhado Superfícies frias (albedo)		[86]	[17], [14]	
Tratamento de espaços abertos (albedo)			[17], [14]	
Cobertura verde		[86]	[16], [17]	
Regulamentação/ normas de construção			[10]	
Taxa de urbanização	[7], [9], [11]			
Taxa de consumo de terras	[9]			
Riqueza fundiária por habitante	[8]			
Características socioeconómicas				
População da cidade	[7], [12], [13], [19]			
Número de agregados familiares	[7], [6]			
Idade média dos ocupantes	[8]			
Densidade populacional	[7], [9], [21]	[8]		
Rendimento disponível per capita	[7], [9], [11], [19]		[3]	
Produto interno bruto (PIB) da cidade	[7]			

PIB do sector secundário	[7]			
PIB do sector terciário	[7]			
Consumo de combustível per capita	[7], [9], [12]			
Características do aparelho				
Número de aquecedores de água	[7]			
Número de televisões	[7]			
Número de frigoríficos	[7]			
Ar condicionado total	[7]			
Consumo de eletricidade do aparelho principal	[7]			
Percentagem de casas que utilizam aquecimento elétrico	[8]			

Quadro 3: Factores identificados a nível do bairro e sua importância para o consumo de energia

Escala de vizinhança	Impacto na utilização de energia			
	Positivo	Negativo	Misto	Sem efeito
Características físicas				
Geometria urbana/ traçado e orientação das ruas			[20], [26], [45], [90]	[23]
Compacidade/densidade de construção		[13], [16], [21], [22], [23], [41], [90],		[22]
Distância do edifício circundante/ Tamanho da parcela ou do lote		[20], [21], [42], [90]	[26]	
Tratamento de espaços abertos (albedo)		[23], [25], [29], [35], [90]	[26], [43], [86]	
Superfície dos edifícios	[41], [42]		[26]	[23]
Altura dos edifícios circundantes	[21], [41], [42], [90]	[20]	[43]	
Obstrução solar	[10], [42]			
Fator de vista do céu	[27], [46], [90]		[43]	
Altitude	[88]			
Rácio da parcela verde		[23]		
Coberto arbóreo e sombreamento de árvores		[14], [15], [16], [25], [27], [28], [29], [30], [31], [32], [33], [34], [36], [37], [39], [41]	[40]	[12], [13], [38], [90]

Relvado, paisagem, jardim, tratamento de relva		[35]		
Zona da piscina/zona do dissipador de calor	[14], [89]			
Características das plantas - densidade da copa, tempo de queda das folhas, altura média do tronco, tamanho, forma, taxa de crescimento		[39]	[28], [40]	[13], [38]
Índice de área foliar		[18]		
Localização das árvores	[89]		[14], [33], [35], [36]	[30], [38]
Cobertura verde nas paredes		[27]		

Quadro 4: Factores identificados a nível do agregado familiar e sua importância para a utilização de energia

Escala do agregado familiar	Impacto na utilização de energia			
	Positivo	Negativo	Misto	Sem efeito
Características físicas				
Orientação			[5], [10], [20], [26], [58], [59], [60], [68], [90]	[62], [64], [68]
Superfície total do piso/Área da casa	[14], [22], [51], [52], [53], [54], [55], [63], [66], [70], [71], [72], [73], [74], [75]			[47], [49], [52]
Área do telhado				[68]
Área da parede	[68]			
Zona de garagem				[14]
Forma do edifício			[42], [60]	
Relação forma/aspeto		[20], [59], [60], [62], [68]		
Zonas passivas			[20], [26]	
Profundidade do edifício		[10]		
Altura do edifício a partir do nível do solo/ altura da parede	[68]		[20]	
Capacidade térmica interna	[62]			
Temperatura interior da superfície	[63]			
Número de pisos				[47], [71], [76]
Rácio de envidraçamento/WWR	[62], [63]		[20], [26],	[64]

			[59], [65], [68]	
Coeficiente de sombreamento		[59]		
Fator de redução do sombreamento exterior/ sombreamento das janelas		[65]		[62]
Janela U	[65], [68]		[59]	[60], [64], [76]
Parede U	[63], [68]			[60]
Teto em U				[60], [68]
Telhado Superfícies frias (albedo)	[29]	[15], [25], [29]		
Piso U				[60]
Isolamento do pavimento				[47]
Isolamento do telhado	[59], [61]			[64], [76]
Isolamento do sótão		[65]		[47]
Isolamento de paredes	[61]		[59]	[47], [64], [76]
Cor do envelope				[62]
Métodos passivos de aquecimento e arrefecimento			[59]	
Idade da casa	[53], [56], [72], [73], [74], [76], [77]	[47]	[48], [51]	[14], [53], [71]
Tipo de casa	[12], [13], [49], [50], [53], [54], [56], [71], [72], [74], [75]		[73]	[22], [67]
Família Singe	[12], [13]	[48]		
Multifamiliar		[48]		
Número de quartos	[49], [50], [51], [56], [57], [75], [77]	[73]		[47], [72]
Número de quartos	[50], [51], [57], [86]			[49]
Número de casas de banho				[14]
Melhoria da eficiência energética/conservação/regulamentação dos edifícios	[11]		[22], [53], [65], [66], [74]	[47], [69]
Características socioeconómicas				
Número de ocupantes/ Dimensão do agregado familiar	[9], [49], [52], [54], [55], [56], [65], [67], [69], [70], [71], [72], [75], [76]			[57]

Número de filhos	[47], [48], [72], [73]			
Número de adultos	[47], [69], [74], [75]		[48]	
Número de pessoas idosas		[73]		[69]
Presença de crianças, adolescentes, adultos e idosos	[50], [70]		[54], [55]	[49], [56], [69], [76]
Idade das crianças, adolescentes, adultos e idosos	[71]			[47]
Nível de educação		[65]		[47]
Raça dos ocupantes			[48]	[47]
Classificação do Chefe de Família (HoF)	[50]			[56]
Idade do HoF	[49], [50], [53], [56], [71], [73]			
Nível de educação do HoF	[56], [70]	[54]		[49], [69], [71]
Emprego no HoF	[71]			[69]
Rendimento do agregado familiar	[9], [47], [48], [49], [54], [56], [69], [70], [71], [72], [74], [75]	[65]		[57]
Rendimento disponível	[73]			
Preço da energia		[47], [48]	[3]	
Custo-eficácia			[60]	
Propriedade (posse)	[52], [72], [74]			[47], [53], [56], [71]
Hora de abertura das portas	[63]			
Horas de permanência no quarto	[63], [65]			
Características do aparelho				
Número total de aparelhos	[49], [65], [69], [72], [73]			
Iluminação CFL	[61]			
Computador, portátil	[49], [50], [51], [55], [70]			[56]
Televisão/portátil Televisão	[50], [51], [53], [55]			[56]
Sistema de aquecimento elétrico do espaço	[47], [49], [51], [53], [56], [71], [76], [77]			[50]
Sistema de aquecimento elétrico da água	[47], [50], [52], [53], [56], [61], [71], [76]			[52]
Sistema de ventilação mecânica				[49]

Consola de vídeo	[50], [55]			[56]
Leitor de CD				[56]
Digiboxes	[51]			
Ventoinha de secretária				[57]
Aquecedores portáteis	[51]			
Forno elétrico	[50], [53], [56]			[57]
Exaustor	[52]			
Micro-ondas				[56]
Chaleira				[52]
Máquina de lavar loiça	[50], [55], [56]			
Máquina de lavar roupa	[55], [57]			[52], [56]
Secador	[50], [52], [53], [55], [56]			[52], [57]
Aspirador de pó	[56]			
Bomba de água	[50], [53]			
Padrão de utilização dos aparelhos	[49]			[50]
Horas de utilização do aparelho	[63]			
Utilização de iluminação de baixo consumo	[64]	[49], [53]		[55], [71]
Horas de utilização de AC	[5], [67]			
Ar condicionado	[52], [69], [70]			[53]
Ponto de regulação para arrefecimento		[5], [45]	[69]	
Maior eficiência da AC		[45], [47], [61], [65]		[64]
Tipo (tamanho) de CA	[47], [67]			
Pré-refrigerador		[65]		
Número de frigoríficos	[53], [55], [70]			[47], [56], [57]
Tipo de frigorífico	[50], [53], [56], [64]			[47], [57]
Taxa de ventilação	[5]			
Taxa de infiltração				[64]
permutador de calor de ventilação				[76]
Qualidade do ar interior		[82]		
Poluição do ar interior	[82]			
Eficiência energética/ Electrodomésticos Energy Star		[61], [65]		[78]
Eficiência da caldeira				[64]
Necessidade de energia dos aparelhos	[53]			
Pré-aquecedor do motor do automóvel				[76]
Sauna				[76]
sistema de controlo da temperatura interior				[76]

| depósito acumulador | | | | [76] |
| sistema de controlo da procura de energia | | | | [76] |

Verifica-se que apenas os factores físicos são considerados ao nível da vizinhança, uma vez que os factores socioeconómicos e de aparelhos são utilizados ao nível da cidade (por exemplo, per capita) a partir de dados secundários ou ao nível do agregado familiar para o número de ocupantes ou o número de aparelhos na recolha de dados primários e secundários. Verifica-se que a UHI é um fator ambiental responsável pelo consumo de energia a nível da cidade e do bairro. Por conseguinte, considera-se importante incluir a literatura em que se consideram os factores responsáveis pelo UHI, uma vez que estes factores terão um impacto indireto na utilização de energia através do UHI. A Tabela 5 destaca os factores identificados como responsáveis pelo efeito UHI.

Quadro 5: Factores responsáveis pelo UHI e sua importância

Factores UHI	Efeito sobre o efeito de ilha de calor urbana			
	Aumentar	**Diminuir**	**Efeito misto**	**Sem efeito**
Características ambientais				
Clima			[5], [85], [88]	
Fluxo de ar		[41], [43], [81], [85], [89]		
Poluição atmosférica	[43], [83], [84]			
Temperatura do ar	[5],[6], [23], [38], [41], [42], [43], [46], [85], [86], [89], [90], [91], [92]			
Evapotranspiração		[34], [42], [43], [79], [80], [89]		
Espessura ótica dos aerossóis	[41]			
Radiações solares	[42], [43], [48], [85], [87], [92]			
Calor antropogénico	[34], [42], [43], [79], [80], [88]			[92]
Precipitação		[43], [81]		
Ondas de calor e transferência	[43], [45], [46], [79], [80], [81], [90]			
Características físicas				
Densidade urbana	[6], [13], [86]			
Tipo de habitaçãocompacidade	[41]	[12], [13], [85]		
Utilização do solo			[14], [86], [87]	

Topografia			[43], [88]	
Latitude	[88]			
Altitude	[88]	[85]		
Urbanização	[5], [86], [89]			
Efeito de estufa urbano	[43], [79], [80]			
Ano de desenvolvimento da parcela	[86]			
Traçado das ruas			[89], [90]	
Densidade de intersecções de ruas		[86]		
Orientação			[42], [89], [90]	
Propriedades térmicas do material	[42], ,[43], [45], [79], [80], [89], [90]			
Propriedades de albedo dos materiais	[42], [43], [44], [45], [79], [80], [86],[89], [90], [91], [92]	[24], [84], [92]	[85]	
Albedo do pavimento		[84]		
Massa do edifício	[85]			
Distância entre edifícios	[86]	[24]	[43]	
Ângulos de sombra dos edifícios nas ruas		[89], [90]		
Geometria radiativa do canhão	[43], [45], [79], [80],[89], [90]			
Fator de vista do céu	[42], [85]	[43], [91]		
Rácio de construção	[91]			
Altura do edifício	[23], [41], [42], [91]		[43]	
Rácio altura total/área útil			[85]	
Índice frontal do edifício	[41]			
WWR			[85]	
N.º de quartos	[86]			
Cobertura verde		[41], [42], [43], [84], [85], [86]		
Localização de árvores e lagos		[43]	[24], [85], [89], [90], [92]	

Eficiência da corrente alternada		[45]		
Alteração do ar interior		[46]		
Características socioeconómicas				
População da cidade	[43], [88]			

Verificou-se que existem 10 factores ambientais, 30 físicos e 1 socioeconómico responsáveis pelo UHI. A importância de todos os outros factores identificados é analisada em pormenor mais adiante.

3.1.1 Papel dos factores ambientais na utilização de energia

3.1.1.1 Clima

Verificou-se que muitos estudos consideram o consumo de energia dos edifícios em vários locais climáticos. As variações encontradas em termos de significância (positivas, negativas, mistas e sem significância) no consumo de energia devem-se às condições climatéricas de cada local, por exemplo, em estudos efectuados à escala da cidade [4, 7, 9, 76]; à escala do bairro [13, 20, 23, 25, 26, 31, 34]; e à escala do agregado familiar [5, 20, 26, 59], [65, 77], respetivamente. Em cada um dos estudos mencionados, verificou-se que o consumo de energia dos edifícios aumentava ou diminuía significativamente devido às variações climáticas das várias localizações seleccionadas, umas em relação às outras. Assim, considera-se que o clima global está a produzir um significado misto. A nível da vizinhança, o efeito da velocidade do vento é considerado e considerado positivo por Akbari, Pomerantz & Taha [16], ao passo que Okeil [42] mostrou uma significância negativa, uma vez que o estudo de Akbari, Pomerantz & Taha [16] incidiu sobre as cargas de aquecimento e arrefecimento, ao passo que no estudo de Okeil [42], o foco foi nos ganhos de ventilação.

3.1.1.2 Graus Dias

Um estudo efectuado por Hirst, Goeltz & Carney [47] mostra uma relação positiva entre os graus-dia dos locais e o consumo de energia dos edifícios. Os graus-dia são uma medida do desconforto climático em termos do número de dias e do número de graus que o clima permanece fora do intervalo de conforto. Representa a procura de energia necessária para aquecer ou arrefecer um edifício. O estudo [47] considerou os regulamentos energéticos dos locais em que o HDD é considerado como representante quantificado do clima. A nível doméstico, Kahn [9] e Hirst, Goeltz & Carney [47] estudaram os graus-dia como um fator e encontraram um significado positivo para a utilização de energia, enquanto [47] não mostrou qualquer significado.

3.1.1.3 Temperatura de inflexão do limiar

Verifica-se que a temperatura de inflexão do limiar é um fator que explica as variações do consumo de energia em diferentes climas, como demonstrado por Santamouris et.al [4]. Verifica-se que a procura de energia se altera em função da variação da temperatura limite de inflexão para cada um dos países de clima frio, ameno e quente. Verifica-se que houve um aumento da procura anual de eletricidade de 1,66% nos países quentes, ao passo que diminuiu 0,5% nos países frios, devido à utilização de menos equipamento de aquecimento para criar um ambiente confortável. Este fator tem uma importância combinada do clima do local, das condições físicas (temperatura do ar), do carácter socioeconómico (comportamento dos ocupantes) e dos aparelhos (temperatura de regulação do termóstato).

3.1.1.4 Efeito de ilha de calor urbana

À escala da cidade, a UHI é considerada por [4, 5, 6, 14, 16, 81, 83, 84, 86, 87, 88] e considerada positivamente significativa, enquanto [23] mostrou uma significância mista. Noutro estudo [3], a temperatura do ar é considerada positivamente significativa para o consumo de energia.

Ao nível da vizinhança, a UHI é considerada positiva em [24, 25, 27, 31, 34, 35, 41, 42, 45, 48, 85, 89, 90].

3.1.1.5 Radiações solares

Em estudos efectuados [42, 43, 48], verificou-se que as radiações solares estão a aumentar o consumo de energia dos edifícios.

3.1.1.6 Temperatura do ar

O fator é considerado significativo positivo por [3].

3.1.1.7 Velocidade do vento

O fator é considerado importante nos estudos de vizinhança, sendo considerado positivo no estudo de Akbari, Pomerantz e Taha [16] e negativo no estudo de Okeil [42]. Isto deve-se principalmente ao facto de o estudo se centrar no aquecimento e arrefecimento [16] e no aquecimento [42], para além da ventilação. Verifica-se que a carga de arrefecimento diminui com mais ventilação, ao passo que a carga de aquecimento aumenta durante o inverno.

3.1.2 Características físicas

3.1.2.1 Orientação

Muitos estudos consideraram variações no consumo de energia de edifícios de referência quando colocados em diferentes direcções. A variabilidade mostrada tem um significado positivo ou negativo no consumo de energia com referência entre si quando o ângulo de colocação foi alterado entre 0 -360 graus. Assim, o fator de orientação mostrou uma significância positiva e negativa (mista). O mesmo é considerado em estudos efectuados à escala da cidade [21] que revelaram uma significância mista; à escala do bairro [20, 26], [45, 90] que revelaram uma significância mista enquanto que [23] não revelou qualquer significância, e à escala do agregado familiar [5, 10, 20, 26, 58, 59, 60, 68, 90] que revelaram uma significância mista enquanto que [62, 64, 68] não revelou qualquer significância.

3.1.2.2 Densidade

A densidade urbana refere-se ao número de agregados familiares numa determinada área, considerando o tamanho de cada agregado familiar e a sua área numa paisagem urbana. Em estudos efectuados por [10-12, 13, 86], verificou-se que o consumo de energia é negativamente significativo, pelo que se pode concluir que o consumo de energia diminui com o aumento da densidade urbana.

À escala do bairro, a densidade refere-se ao número de edifícios numa determinada área, sendo também designada por "compacidade" [13]. Estudos [13, 16, 21-23, 41, 90] concluíram que o consumo de energia é menor em bairros mais densos, o que também está de acordo com a escala da cidade. No entanto, o estudo de Kaza [22] concluiu que não há impacto da densidade do bairro no consumo de energia. Ao nível do agregado familiar, a densidade é definida e melhor compreendida através de outros factores, como o número de ocupantes, o tipo de habitação, a área total de pavimento, tal como discutido ao nível do agregado familiar na subsecção 3.1.2.5. O estudo realizado por Steemers [21] para o Reino Unido demonstrou que a alteração da densidade através do aumento da profundidade dos edifícios, da alteração da altura dos edifícios ou da redução do espaçamento entre edifícios resultou na alteração do ângulo de obstrução solar dos edifícios como factores responsáveis pela alteração da densidade dos edifícios. Do mesmo modo, Pitt [13] e Emmanuel [90] alteraram o tipo de habitação em função do número de famílias em cada casa para alterar a densidade, enquanto Wong et.al [41] utiliza o índice de construção frontal para medir a área total construída e, finalmente, a densidade da rua de um bairro e Kaza [22] considerou a dimensão do lote e o tipo de família para definir a densidade do bairro da área de estudo.

3.1.2.3 Características da área

Wei, Pagani & Huang [7] consideraram a área urbana construída e concluíram que o consumo total de energia da cidade aumenta com o aumento da área total construída. A dimensão do agregado familiar é considerada positiva e significativa por Kahn [9]. A área de superfície residencial per capita é considerada positiva e significativa por Kahn [9] e negativa por Wei, Pagani & Huang [7]. Isto pode ser interpretado pelo facto de o consumo per capita ser mais elevado nos edifícios residenciais do que noutros edifícios na área de estudo dos Estados Unidos [9], ao passo que na área de estudo da China [7] se verifica o contrário. Assim, a construção de mais edifícios residenciais aumentará o consumo médio per capita nos Estados Unidos, ao passo que o mesmo diminuirá o consumo per capita na China.

Ao nível da vizinhança, a área do espaço circundante é considerada pela distância dos edifícios circundantes e também pela área construída e pela dimensão do terreno. Verifica-se em estudos efectuados por.... [20] Steemers [21], Okeil [42] e Emmanuel [90] que a área verde tem um significado negativo para o consumo de energia, uma vez que o estudo considera o efeito das cargas de aquecimento e arrefecimento, mostrando assim que a área verde em torno de uma casa reduz a temperatura do ar, a UHI e, consequentemente, o consumo de energia é reduzido. No entanto, o estudo efectuado por J. Stromann-Andersen et.al [26] considerou um significado misto, uma vez que os estudos consideraram o aumento da utilização de energia de ventilação devido à redução da velocidade do vento em desfiladeiros urbanos com menor distância entre os edifícios circundantes. Da mesma forma, o albedo de tratamento dos espaços circundantes é considerado negativo em [23, 25, 29, 35, 90], enquanto [26, 43, 86] apresentaram uma significância mista.

A área de superfície dos edifícios foi estudada e concluiu-se que é positiva para a utilização de energia nos estudos de Wong et.al [41] e Okeil [42], ao passo que J. Stromann-Andersen et.al [26] a considerou mista e Yuk Hien Wong et.al [23] não a considerou significativa.

Os estudos mostraram que o fator altura dos edifícios é positivo [21, 41, 42, 90] para a utilização de energia, ao passo que é negativo no estudo [20] e tem uma significância mista no estudo [43].

No entanto, Holden e Norland [10] e Okeil [42] estudaram o impacto dos edifícios circundantes no consumo de energia do edifício devido à obstrução solar e concluíram que é positivo para o consumo de energia.

Ao nível do agregado familiar, a área total de pavimento / área da casa é considerada por [14, 22, 51, 52, 53, 54, 55, 63, 66, 70, 71, 72, 73, 74, 75] como positiva, enquanto [47, 49, 52] não revelou qualquer significado para a utilização de energia Timothi e Bandhosseini [68] descobriram que a área do telhado não tem significado, enquanto a área da parede tem significado positivo. Noutro estudo, Jusuf et.al [14] não encontrou qualquer significado para a área da garagem.

3.1.2.4 Tratamentos de superfície e espaços abertos

Albedo das superfícies

O albedo é a propriedade de reflexão do calor do material e, por conseguinte, afecta a utilização de energia para aquecimento e arrefecimento do edifício. A utilização de superfícies frias ou brancas no telhado aumenta o albedo da superfície, resultando assim numa menor UHI devido a uma menor emissão de calor num momento posterior. Verifica-se que as coberturas frias reduzem o consumo de energia [86], uma vez que os estudos se centraram na redução da carga de arrefecimento, ao passo que o estudo efectuado por Donovan e Butry [17] e Jusuf et.al [14] não tem qualquer significado. Isto deve-se ao facto de se centrarem no aquecimento e arrefecimento [17] e de considerarem o efeito da orientação [14]. Do mesmo modo, o tratamento do espaço aberto (albedo do pavimento) é considerado e tem uma significância mista [17, 14].

Cobertura verde

A cobertura verde à escala da cidade foi considerada negativa por [86], uma vez que ambos os estudos consideram a redução da UHI, ao passo que Akbari, Pomerantz & Taha [16] e Donovan & Butry [17] encontraram um significado misto na utilização de energia devido a razões semelhantes às acima mencionadas.

A cobertura verde é abordada em pormenor ao nível do bairro, no qual se considera o impacto da cobertura arbórea, dos relvados e da relva, da piscina, das características das plantas e da localização das árvores, tal como se refere nas subsecções seguintes. O rácio de área verde é o rácio de espaço verde em relação à área do terreno e é considerado negativo por Yuk Hien Wong et.al [23], uma vez que o espaço verde reduz o ganho de calor do edifício, o que resulta numa menor carga de arrefecimento.

Cobertura arbórea / sombreamento de árvores

O coberto arbóreo é a área à sombra das árvores. Verifica-se que o coberto arbóreo/sombra de árvores reduz a procura de energia e, por conseguinte, é considerado negativo por [14-16, 25, 27-34, 36, 37, 39, 41]. No entanto, verificou-se que tem um significado misto [40] devido à redução da carga de arrefecimento no verão, mas ao aumento da carga de aquecimento no inverno. No entanto, [12, 13, 38, 90], não mostraram qualquer significado das árvores na utilização de energia.

Verifica-se que o relvado, a paisagem, o jardim e a relva [35] reduzem o consumo de energia e, por conseguinte, têm um significado negativo. No entanto, a área da piscina/piscina perto da casa aumenta o consumo total de energia do ar condicionado no verão [14, 89]. Uma vez que se verifica que, em regiões húmidas, se as massas de água não estiverem sombreadas, aumentam a humidade, contribuindo assim para o ganho de calor e, consequentemente, aumentando o desconforto térmico [89]. As características das plantas são estudadas em profundidade por Pandit & Laband [39] no que respeita à densidade da copa, tempo de queda das folhas, altura média do caule, tamanho, forma, taxa de crescimento e verificou-se que todas as características contribuem para reduzir o consumo de energia de arrefecimento.

No entanto, a densidade da copa das árvores mostrou uma significância mista [28, 40] devido à mudança na orientação das árvores [28] e ao facto de se considerar a utilização de energia no verão e no inverno para aquecimento e arrefecimento [40]. No entanto, [13, 38] não revelou qualquer significado para a utilização de energia. O estudo de [18] resultou em pouca significância do índice de área foliar da floresta urbana no consumo de energia no verão.

Localização das árvores

Verificou-se que as árvores localizadas a uma distância óptima de modo a criar sombra, caso contrário, resultarão em desconforto no ambiente urbano exterior [89]. No entanto, [14, 33, 35, 36] revelaram uma significância mista da localização das árvores, enquanto [30, 13] não revelaram qualquer significância.

Num estudo [27], verificou-se que a cobertura verde nas paredes reduz o consumo de energia de arrefecimento do edifício.

3.1.2.5 Características do agregado familiar

Forma do edifício

As várias formas de construção variam o consumo de energia do edifício [42, 60] e produzem um significado positivo ou negativo, pelo que têm um significado misto. A forma do edifício mostrou uma diminuição do consumo de energia quando se utilizou uma forma compacta ou um rácio de aspeto menor [20, 59, 60, 62, 68]. Outra abordagem à forma do edifício foi a utilização do conceito de zonas passivas [20, 26] e os estudos revelaram um significado misto. A profundidade do edifício é considerada importante por Holden e Norland [10] e foi considerada negativa para o consumo global de energia.

A altura do edifício em relação ao nível do solo ou a altura da parede do edifício foi considerada positiva por Timothi e Bandhosseini [68], ao passo que Ratti, Baker & Steemers [20] revelaram uma significância mista, uma vez que o estudo [20] considerou e comparou três cidades diferentes da Europa.

A capacidade de calor interna do edifício aumenta a carga térmica, aumentando assim o consumo de energia de arrefecimento [62] de um edifício de escritórios. Também a temperatura interior da superfície [63] mostrou um significado positivo no consumo de energia. É indicado que o número de pisos não tem significado no consumo de energia [47, 71, 76].

Rácio de envidraçamento/WWR

Verificou-se que o rácio parede/janela aumenta o consumo de energia [62, 63], ao passo que os estudos efectuados por [20, 26, 59, 65, 68] revelaram uma significância mista e [64] não revelaram qualquer significância. A razão pode ser citada no trabalho de estudo de Clark & Berry [65] que mostrou uma mudança na carga de arrefecimento da tarde de verão durante os dias úteis quando o isolamento do sótão foi adicionado à casa. No mesmo estudo, a WWR oeste teve uma significância positiva, enquanto a WWR na parede sul foi considerada negativa para a utilização de energia de arrefecimento do ar condicionado num edifício sem isolamento do sótão. Os estudos de Ratti, Baker & Steemers [20], J. Stromann-Andersen et.al [26], Timothi e Bandhosseini [68] e Pacheco, Ordóñez & Martínez [59] compararam os resultados para mais do que um local, sendo que a significância foi positiva em alguns locais e negativa noutros, criando assim uma significância mista. Do mesmo modo, os estudos de Mechri, Capozzoli & Corrado [62] e Antonopoulos, & Tzivanidis [63] resultaram numa significância positiva devido à consideração de apenas uma localização.

Coeficiente de sombreamento

O coeficiente de sombreamento é analisado por Pacheco, Ordóñez & Martínez [59], que mostrou que o coeficiente de sombreamento é negativo para o consumo de energia em climas quentes, uma vez que os ganhos de aquecimento são reduzidos. Num estudo realizado por Mechri, Capozzoli & Corrado [62], o fator de redução do sombreamento exterior (fator desenvolvido para proporcionar sombra solar com saliências fixas ou sem saliências) não mostrou qualquer significado no consumo de energia de arrefecimento do edifício. Num estudo semelhante efectuado por Clark & Berry [65], o sombreamento das janelas tem um significado negativo no consumo de energia de arrefecimento durante a tarde de verão quando é utilizado o isolamento do sótão.

Propriedades térmicas da envolvente do edifício

Verifica-se que o valor U da janela (envidraçamento) é positivo em [65, 68], enquanto que o valor misto em [59] e [60, 64, 76] não tem significado. Este facto deve-se às diferentes localizações climáticas consideradas em cada estudo. O valor U da parede apresentou uma significância positiva em [63, 68]. Enquanto que [59] mostrou uma significância mista e [60] não mostrou significância, uma vez que a utilização do isolamento da parede não era rentável [60].

O valor U do telhado mostrou significância positiva para o consumo de energia em [60, 68]. A alteração do albedo do telhado ou a utilização de telhados frios foi considerada negativamente significativa em [15, 25, 29]. O valor U do pavimento não mostrou qualquer significado em [60]. Relativamente à utilização de isolamento, o isolamento do pavimento não mostrou qualquer significado [47]. O isolamento do telhado mostrou um significado positivo em [59, 61], enquanto os estudos [64, 76] não mostraram qualquer significado. Do mesmo modo, o isolamento do sótão é negativo em [65], enquanto que não é significativo em [47]. A utilização de isolamento na parede resultou numa poupança de energia em [61], enquanto [59] mostrou uma significância mista e [47, 64, 76] não mostrou qualquer significância, uma vez que os resultados mostraram uma significância inferior a 10%.

A alteração da cor da envolvente do edifício não mostrou qualquer significado no consumo de energia num estudo [62]. No entanto, a utilização de métodos passivos de aquecimento e arrefecimento provou ter um significado positivo ou negativo [59] no consumo de energia, consoante o método utilizado, pelo que apresentou um significado misto.

Idade da casa

A idade da habitação apresentou uma significância positiva em [53, 56, 72, 73, 74, 76, 77], enquanto apresentou uma significância mista em [48, 51] e nenhuma significância em [14, 53] e [71]. Em [48] e [51] foi estabelecida uma comparação entre localizações e em [14, 53, 71], o efeito foi insignificante.

Tipo de casa

O tipo de casa é outro fator responsável pela utilização de energia do edifício e foi considerado positivo em [49, 50, 53, 54, 56, 71, 72, 74, 75], enquanto [73] mostrou uma significância mista e [67, 22] não mostrou significância devido a resultados insignificantes. Em [73], todas as casas apresentaram significância positiva, enquanto os apartamentos apresentaram significância negativa no consumo de energia.

Em [48], as habitações multifamiliares foram consideradas mais negativamente significativas para a utilização de energia para aquecimento e arrefecimento do que as habitações unifamiliares, enquanto [12, 13] encontraram uma significância positiva das habitações unifamiliares na utilização de energia.

Número de quartos

Verificou-se que o número de divisões é positivo e significativo em [49, 50, 51, 56, 57, 75, 77], ao passo que negativo em [73] e [47, 72] não mostrou qualquer significado. Em [73], o resultado é adverso devido ao facto de, nas casas holandesas, não haver aquecimento nas divisões, pelo que o estudo tem muito menos significado negativo.

O número de quartos de dormir apresentou um significado positivo em [50, 51, 57, 86], enquanto [49] não apresentou qualquer significado. Do mesmo modo, o número de casas de banho não apresentou qualquer significado [14].

3.1.2.6 Outras características

Melhoria da eficiência energética /Conservação e regulamentação

Ao nível da cidade, as medidas de conservação são adoptadas pelo governo local e podem tornar-se regras obrigatórias que resultam em eficiência energética quando consideradas na estrutura da regulamentação. Um estudo efectuado por Holden e Norland [10] mostrou o efeito da regulamentação na utilização de energia à escala da cidade. A nível doméstico, as melhorias de eficiência energética desenvolvidas através de várias investigações devem ser adoptadas em regulamentos para uma melhor implementação e melhorias de desempenho energético, uma vez que o trabalho realizado em [11] foi positivo e significativo e [47, 69] não mostrou significância, enquanto [22, 53, 65, 66, 74] mostrou uma significância mista. A utilização das normas ASHRAE é utilizada em [53] para explicar o consumo de energia do agregado familiar por idade.

Urbanização e terra

A taxa de urbanização foi considerada positiva para o uso de energia por [7,9,11], uma vez que a taxa é resultante do número de famílias ou agregados familiares adicionados à área urbana e já foi discutido acima que ambos são positivos e significativos para o uso de energia.

A taxa de consumo de terra é outro índice para medir a urbanização, em que um maior consumo de terra resulta numa urbanização mais rápida e, por conseguinte, num maior consumo de energia, como demonstrado por Kahn [9]. A riqueza fundiária por habitante é outro fator semelhante considerado por Lariviere & Lafrance [8] que mostrou uma significância positiva.

Fator de vista do céu

O fator vista para o céu foi considerado em estudos [27, 46, 90] e mostrou um aumento no consumo de energia para aquecimento, uma vez que os edifícios estão mais expostos ao sol e, consequentemente, têm mais ganhos de calor devido ao clima quente dos estudos mencionados. Outro estudo [43] teve um resultado de significância mista, uma vez que foram considerados três locais com climas diferentes.

Altitude

A altitude da localização também é positiva para o consumo de energia, como demonstrado no estudo de Wienert & Kuttler [88].

3.1.3 Características socioeconómicas
3.1.3.1 A nível da cidade
Vários factores socioeconómicos são considerados à escala da cidade e verificou-se que todos têm um significado positivo para o consumo total de energia da cidade. A população da cidade é considerada em [7, 12, 13, 19]; o número de agregados familiares em [6, 7]; a idade média dos ocupantes em [8]. A densidade populacional da área urbana construída é considerada positiva em [7, 9, 21] e negativa em [8]. O rendimento disponível per capita é positivo em [7, 9, 11, 19], ao passo que em [3] apresenta uma significância mista. Os factores produto interno bruto da cidade, produto interno bruto da indústria secundária e produto interno bruto da indústria terciária foram considerados positivos por Wei, Pagani & Huang [7]. O consumo de combustível per capita é considerado positivo em [7, 9, 12].

3.1.3.2 Nível do agregado familiar
Verifica-se que o número de ocupantes tem um efeito positivo significativo no consumo de energia, como se pode ver em [9,49,52,54,55,56,65,67,69,70,71,72,75,76], ao passo que [57] não teve qualquer efeito significativo, uma vez que o seu efeito foi menos significativo do que o do tipo de habitação.

Verificou-se que um maior número de crianças em casa consome mais energia, como demonstrado em [47, 48, 72, 73]. Do mesmo modo, um maior número de adultos resulta num maior consumo de energia [47, 69, 74, 75], ao passo que [48] apresentou uma significância mista. No entanto, um maior número de idosos consome menos energia [73], o que se deve à menor utilização de aparelhos pelos idosos na zona de estudo, ao passo que [69] não mostrou qualquer significância, pois o fator é insignificante. A presença de crianças, adolescentes, adultos e idosos é positiva em [50, 70], ao passo que tem um significado misto em [54, 55] e não tem significado em [49, 56, 69, 76]. Também a idade dos ocupantes (crianças, adolescentes, adultos e idosos) afecta positivamente o consumo de energia [71], ao passo que não é encontrada qualquer significância em [47]. O nível de educação dos ocupantes está negativamente relacionado com o consumo de energia para arrefecimento [65], enquanto que não mostrou qualquer significado em [47] para o consumo de energia para aquecimento. A raça dos ocupantes tem um significado misto em [48] e não tem significado em [47].

Classificação do chefe de família (HoF)

Vários autores exploraram a influência do chefe de família (HoF) no consumo de energia de edifícios residenciais. Verificou-se que a classificação social do chefe de família tem um impacto positivo significativo no consumo de energia das habitações irlandesas [50], enquanto que a [56] não refere qualquer impacto no consumo de energia. A idade do HoF é considerada significativa em [49, 50, 53, 56, 71, 73]. O nível de educação é positivo e significativo em [56, 70], enquanto que é negativo e significativo em [54] e não significativo em [49, 69, 71]. A situação profissional do HoF é considerada significativa em [71], ao passo que [69] não registou qualquer significado.

Situação económica

O rendimento do agregado familiar é considerado positivo e significativo por [9, 47, 48, 49, 54, 56, 69, 70, 71, 72, 74, 75], ao passo que [65] considera o mesmo como negativo e [57] não considera significativo.

Da mesma forma, outros autores consideraram o rendimento disponível como um fator significativo para a utilização de energia e concluíram que é positivo e significativo [73].

Alguns autores [47, 48] consideraram o preço da energia como um fator importante para o consumo de energia e obtiveram uma significância negativa, enquanto o preço da energia apresentou uma significância mista em [3]. A relação custo-eficácia das medidas de eficiência energética foi analisada por [60] e obteve uma significância mista.

Propriedade (posse)

O estatuto de proprietário do agregado familiar tem impacto na utilização de energia e resultou numa significância positiva [52, 72, 74], enquanto que [47, 53, 56, 71] não resultou numa significância.

Horário de abertura das portas e horas de permanência no quarto

O tempo de abertura das portas é considerado positivo por Antonopoulos, Gioti & Tzivanidis [63] e, da mesma forma, as horas de permanência no quarto também são positivas [63, 65] para o consumo total de energia do agregado familiar.

3.1.4 Características dos aparelhos
3.1.4.1 A nível da cidade

Wei, Pagani & Huang [7] concluíram que, a nível da cidade, os factores relativos aos aparelhos, tais como o número de esquentadores, o número de televisores, o número de frigoríficos, o total de ar condicionado e o consumo de eletricidade do aparelho principal por ano, são positivamente significativos para o consumo de energia dos agregados familiares a nível da cidade. Da mesma forma, Lariviere & Lafrance [8] consideraram a percentagem de casas que utilizam aquecimento elétrico como um fator e encontraram uma significância positiva.

3.1.4.2 A nível do agregado familiar
Propriedade do aparelho

A propriedade do número total de electrodomésticos é considerada por [49, 65, 69, 72, 73] e tem um significado positivo para o consumo de energia. Os pormenores dos vários aparelhos considerados e a sua importância são apresentados na Tabela 4.

Padrão de utilização dos aparelhos

Segundo [70], é o padrão de utilização que reflecte o consumo de energia dos aparelhos e não a propriedade dos mesmos. Verificou-se [49] que a duração da utilização dos aparelhos resulta numa variação de 37% no consumo de eletricidade dos agregados familiares dos Países Baixos. No entanto, [50] não revelou qualquer significado no consumo de energia dos agregados familiares irlandeses quando se consideram os principais aparelhos de cozinha. As horas de utilização dos electrodomésticos são consideradas positivas e significativas por [63], ao passo que a utilização de iluminação de baixo consumo é considerada positiva e significativa por [64], enquanto [49, 53] a consideram negativa e [55, 71] não a consideram significativa. Do mesmo modo, as horas de utilização de AC são consideradas significativas por [5, 67] para a utilização de energia de arrefecimento.

A utilização do ar condicionado foi considerada significativa por [52, 69, 70] nos agregados familiares de

Hong Kong, da Califórnia e da China, respetivamente, ao passo que não foi considerada significativa[53] nos agregados familiares dos Estados Unidos, onde a significância foi de quase 10%.

Ar condicionado

O ar condicionado depende do Set point para o arrefecimento, uma temperatura acima da qual o arrefecimento começa e é considerado negativamente significativo [5, 45], enquanto [69] apresentou uma significância mista, uma vez que o ar condicionado de parede e o ar condicionado central apresentaram significância oposta. Verifica-se que a eficiência do sistema de ar condicionado desempenha um papel importante na utilização de energia, uma vez que é considerada negativamente significativa [45], [47, 61, 65], ao passo que [64] não revelou qualquer significância, uma vez que a significância foi inferior a 10%. O tamanho e o tipo do ar condicionado mostraram uma significância positiva [47, 67], enquanto a utilização de um pré-refrigerador mostrou uma significância negativa [65].

Número de frigoríficos

O número de frigoríficos detidos por um agregado familiar mostrou um significado positivo em [53, 55, 70], enquanto [47, 56, 57] não mostrou qualquer significado. Também o Tipo de frigorífico mostrou uma significância positiva em [50, 53, 56, 64] enquanto [47, 57] não mostrou significância.

Taxa de ventilação

Hassid et.al [5] verificou que a alteração da renovação de ar de 0,5 renovação de ar por hora (ach) para 2,0 ach resultou num aumento de 45% da carga de arrefecimento em vários locais de Atenas durante 1997 e 1998. No entanto, noutro estudo [64, 76], o efeito da taxa de infiltração e do permutador de calor da ventilação foi considerado insignificante, respetivamente. A qualidade do ar interior e a poluição do ar interior foram consideradas negativa e positivamente significativas por Fisk [82], respetivamente.

Eficiência energética dos electrodomésticos/ Electrodomésticos Energy Star

A classificação de eficiência energética dos aparelhos foi tida em conta para determinar o seu impacto na utilização de energia em edifícios residenciais. Verificou-se em [61, 65] que uma maior eficiência e uma classificação de eficiência resultam num menor consumo de energia, enquanto Ugursal & Fung [78] consideraram este fator insignificante. A eficiência das caldeiras foi estudada por Ihm & Krarti [64] e não mostrou significância. Bartiaux & Gram-Hanssen [55] também consideram que a procura de energia dos electrodomésticos é um fator positivo e significativo para o consumo de energia.

Outros aparelhos

O impacto de outros aparelhos como o pré-aquecimento do motor do automóvel, a sauna, o sistema de controlo da temperatura interior, o depósito acumulador e o sistema de controlo da procura de energia foi estudado por Bartusch et.al [76] e todos os aparelhos foram considerados insignificantes para os agregados familiares suecos.

3.2 Foco do estudo em função da zona geográfica e dos factores estudados

O Quadro 6 mostra que a maioria dos estudos se centra nos países desenvolvidos e raramente nos países em desenvolvimento. A principal razão é a disponibilidade de dados, uma vez que os dados dos inquéritos aos agregados familiares sobre o consumo de energia estão facilmente disponíveis como dados secundários, ao passo que a recolha dos mesmos constitui um grande desafio. Além disso, já foram lançados programas e regulamentos sobre eficiência energética nesses países desenvolvidos, o que exige a recolha de dados a nível dos agregados familiares para o desenvolvimento e avaliação desses programas, ao passo que tais medidas raramente são tomadas nos países em desenvolvimento. Os países em desenvolvimento centram-se principalmente na segurança energética e na melhoria do acesso à energia, ao passo que os países desenvolvidos se concentram na eficiência energética, uma vez que estes países já são seguros do ponto de vista energético.

Quadro 6: Âmbito do estudo de acordo com a área geográfica e os factores estudados em cada estudo

Ref	Região	Cidade/país	Amostra	Cidade			Bairro vizinho		Agregado familiar			Método de análise			
				Físico	Socioeconómico	Electrodomésticos	Físico	Socioeconómico	Físico	Socioeconómico	Electrodomésticos	Estatística	Simulação	Econométrico	Experimental
[3]	Mundial	Mundial		X	X							X			
[4]	Mundial	Cidades do mundo	Cidades do mundo	X											
[5]	Europa	Atenas	4 casas	X					X		X		X		
[6]	Ásia	Tóquio										X			
[7]	Ásia	China	21 cidades	X	X	X						X			
[8]	Ásia	Canadá	Cidade típica	X	X							X			
[9]	Estados Unidos	Estados Unidos	7040 casas	X	X				X	X		X			
[10]	Ásia	Oslo	120 casas	X			X		X	X					
[11]	Mundial	Várias cidades		X					X	X				X	
[12]	América do Norte	Blacksburg	14679 casas		X				X			X			
[13]	América do Norte	EUA			X				X			X			
[14]	América do Norte	EUA	460 casas	X			X		X			X			
[15]	América do Norte	Los Angeles	1800000 casas				X		X				X		
[16]	América do Norte	Sacramento	442000 casas	X			X						X		

Ref	Continente	País / Local	Descrição														
[17]	América do Norte	EUA	11 Áreas metropolitanas	X									X				
[18]	América do Norte	Indiana	Floresta urbana	X								X					
[19]	Ásia	China	716 casas		X							X					
[20]	Europa	Londres, Toulouse e Berlim	Zona central				X	X					X				
[21]	Europa	REINO UNIDO		X			X										
[22]	América do Norte	EUA	4382 habitações				X	X					X				
[23]	Ásia	Singapura	3 património urbano				X						X				
[24]	Europa	França	4 casas				X					X	X				
[25]	América do Norte	Canadá	quatro cidades				X	X					X				
[26]	Europa	Dinamarca	6 canyons				X	X					X				
[27]	Ásia	Tóquio	2 modelos de capota				X						X				
[28]	América do Norte	Utah	Casa individual				X						X				
[29]	América do Norte	Texas	113 casas				X	X				X	X				
[30]	América do Norte	Flórida	Casa individual				X	X									X
[31]	EUA	5 locais	2 casas				X						X				
[32]	América do Norte	Pensilvânia	1 casa móvel				X										X
[33]	América do Norte	Pensilvânia	1 casa móvel				X										X
[34]	América do Norte	4 locais	Casa individual				X						X				
[35]	América do Norte	Arizona	3 modelos				X										X
[36]	América do Norte	Sacramento	2 casas				X										X
[37]	América do Norte	Alabama	2 barracões				X										X
[38]	América do Norte	Ann Arbor	101 casas				X						X				
[39]	América do Norte	Auburn, Alabama	160 casas				X					X					
[40]	América do Norte	Auburn, Alabama	161 casas				X					X					
[41]	Ásia	Hong Kong	Ruas urbanas				X						X				
[42]	Mundial	Altitude 48°	2 casas				X	X					X				
[45]	Europa	grego	10 street				X						X				

			canyons													
[46]	Mundial	Universal					X					X				
[47]	América do Norte	EUA	4081 habitações						X	X			X			
[48]	América do Norte	Colômbia	3737 habitações				X		X	X		X				
[49]	Europa	Países Baixos	304 casas						X	X	X	X				
[50]	Europa	Irlanda	4200 casas						X	X	X	X				
[51]	América do Norte	REINO UNIDO	148 casas						X	X	X	X				
[52]	Ásia	Hong Kong	1516 habitações						X	X	X	X				
[53]	América do Norte	EUA	952 casas						X	X	X	X				
[54]	Europa	Dinamarca	10 casas						X	X	X	X				
[55]	Europa	Dinamarca, Bélgica	50000+500 casas						X	X	X	X				
[56]	Europa	Irlanda	6884 casas						X	X	X	X				
[57]	Europa	Barbados	130 casas						X	X	X	X				
[58]	América do Norte	Quebeque	Casa individual						X				X			
[59]	Mundial	Revisão	Revisão						X							
[60]	Europa	Turquia	4 habitações multifamiliares						X	X						
[61]	América do Norte	EUA	185 casas						X				X			
[62]	Europa	Itália	edifício de escritórios						X			X		X		
[63]	Hipotético	Caso hipotético							X	X	X			X		
[64]	África	Tunísia	Casas individuais						X		X		X			
[65]	América do Norte	Arizona	148 casas			X							X			
[66]	Ásia	Coreia	Casas individuais						X				X			
[67]	Europa	Espanha	Edifícios do Instituto						X	X				X		
[68]	América do Norte	EUA	4 cidades						X				X			
[69]	América do Norte	Califórnia	192 casas							X	X	X				
[70]	Ásia	China	5980 habitações						X	X	X			X		
[71]	Europa	REINO UNIDO	315 casas						X	X	X			X		

[72]	Europa	Portugal	7925 habitações						X	X	X			X	
[73]	Europa	Países Baixos	300000 casas						X	X	X		X		
[74]	Europa	Inglaterra	3528100 casas						X	X		X			
[75]	América do Norte	EUA	11590 casas						X	X		X			
[76]	Europa	Suécia	595 casas	X					X	X	X		X		
[77]	América do Norte	EUA	4.382 habitações						X	X	X	X			
[78]	América do Norte	Canadá	937 habitações								X		X		
[81]	Europa	Grécia	Metro Town	X											X
[82]	América do Norte								X	X		X			
[83]	Europa	Paris	Área da cidade	X									X		
[84]	América do Norte	3 Cidades		X									X		
[85]	Ásia	Hong Kong	3 bairros urbanos	X			X		X		X				
[86]	América do Norte	Atlanta	116000 habitações	X			X		X		X				
[87]	Ásia	Singapura		X											
[88]	Mundial	Mundial	223 cidades	X							X				
[89]	Mundial	Mundial	Cidade equatorial				X								
[90]	América do Norte	Ann Arbor	Bolsas residenciais				X		X				X		X
[91]	Europa	Hungria	Área da cidade				X		X			X			
[92]	Mundial	12 cidades globais					X						X		X

Considerando os factores estudados em várias publicações, verifica-se que existem 13 estudos ([3, 4, 6-8,17-19,81,83,84,87,88]) que se centram apenas nos factores a nível da cidade; 20 estudos ([23, 24, 27, 28, 30-41, 43, 46, 89, 92]) que se centram apenas nos factores a nível do bairro, 32 estudos ([47, 49-78, 82]) que se centram apenas nos factores a nível do agregado familiar. No entanto, dois estudos consideraram tanto factores a nível da cidade como do bairro ([16,21]), 11 a nível do bairro e do agregado familiar ([15, 20, 22, 25, 26, 29, 42, 48, 85, 90, 91]), 5 a nível da cidade e do agregado familiar ([5, 9, 11, 12, 13]) e 3 ([10,14, 86]) consideraram factores da cidade, do bairro e do agregado familiar. O mesmo é apresentado no Quadro 7.

Quadro 7: Número de estudos centrados no nível dos factores

Nível do fator	Cidade (C)	Bairro (N)	Agregado familiar (H)	CN	NH	CH	CNH
N.º de estudos	13	20	32	2	11	5	3

C- Cidade, N- Bairro, H- Agregado familiar

Como mostra o quadro 7, há um número máximo de estudos apenas a nível do agregado familiar (32 citações), ao passo que os estudos a nível do bairro-família (11 citações), da cidade-família (5 citações) e da cidadevizinhança-família (3 citações) também consideram os factores do agregado familiar no estudo, perfazendo assim um total de 51 estudos centrados em factores a nível do agregado familiar. Existem 20 estudos a nível de vizinhança especificamente e um total de 36 estudos que consideram igualmente os factores a nível da cidade e do agregado familiar. Do mesmo modo, a nível da cidade, existem 13 estudos numéricos específicos e um total de 23 estudos numéricos que incluem estudos a nível da vizinhança e do agregado familiar.

Verifica-se que existem vários factores responsáveis a cada nível nas categorias físico-ambiental, físico, socioeconómico e de aparelhos. Independentemente da importância, há um total de 5 factores para as características ambientais, 11 factores físicos, 9 factores socioeconómicos e 6 factores de aparelhos identificados a nível da cidade, enquanto a nível do bairro são identificados 3 factores ambientais e 18 factores físicos. Ao nível do agregado familiar, foram identificados 2 factores ambientais, 35 factores físicos, 20 factores socioeconómicos e 45 factores relacionados com os aparelhos, que são responsáveis pela utilização de energia nos edifícios residenciais.

3.3 Fonte de dados e dimensão das amostras de dados

Tendo em conta a escala do estudo, o número de factores seleccionados para estudo é diferente, uma vez que não é possível recolher toda a informação devido a várias limitações, como tempo, dinheiro, acesso à informação, etc. Verifica-se que, em geral, os dados secundários são habitualmente utilizados em estudos a nível nacional/político [3, 4, 7, 8, 17, 18, 84, 87, 88]; a nível de bairro em [24, 27, 41] e mesmo a nível de agregado familiar, dependendo da disponibilidade de dados, como em [47, 53, 57, 59, 60, 70, 7275, 77, 78, 82]. No entanto, verifica-se que os dados primários são normalmente utilizados ao nível da cidade [19]; ao nível do bairro [23, 28, 30, 38, 39, 43] e à escala do agregado familiar [49, 58, 61, 65, 69, 71]. A fim de compreender o impacto de vários factores pormenorizados no consumo de energia, são utilizados dados primários em combinação com dados secundários a vários níveis. Por exemplo, a nível da cidade [6, 81, 83]; a nível do bairro [40, 92] e a nível do agregado familiar [50, 51, 52, 54, 55, 56, 64, 66, 67, 76]. Há um estudo [31] que combinou dados hipotéticos com dados secundários para estudar factores ao nível do bairro. Para além dos estudos supramencionados, há uma série de estudos que utilizaram várias fontes de dados para uma combinação de níveis, tais como cidade-bairro, bairro-família, cidade-família e cidade-bairro-família, que são mencionados no Quadro 8.

Existem alguns estudos que assumiram os dados numa base hipotética, tais como [32, 33, 34, 35, 36, 37, 46, 89] para o nível de bairro; [62, 63, 68] para o nível de agregado familiar e [42] para o nível de bairro-família.

Quadro 8: Fonte de dados a vários níveis

Nível / Fonte	Cidade (C)	Bairro (N)	Agregado familiar (H)	CN	NH	CH	CNH
Primário (P)	[19]	[23], [28], [30], [38], [39], [43]	[49], [58], [61], [65], [69], [71]		[90]		[10]
Secundário (S)	[3],[4], [7], [8], [17], [18],	[24], [27], [41]	[47], [53], [57], [59], [60], [70], [72], [73], [74],	[16], [21]	[15], 20], [22], 25], [26], 48],	[9], [11] , [12] ,	[14], [86]

	[84], [87], [88]		[75], [77], [78], [82]		[91]	[13] ,	
P&S	[6], [81],	[40], [92]	[50], [51], [52],		[29], [85]	[5]	
	[83]		[54], [55], [56], [64], [66], [67], [76]				
Hipotética l (H)		[32], [33], [34], [35], [36], [37], [46], [89]	[62], [63], [68]		[42]		
H&S		[31]					

C- Cidade, N- Bairro, H- Agregado familiar

Verifica-se no Quadro 6, no Quadro 7 e no Quadro 8 que, à medida que os pormenores do estudo aumentam (número de características de cada nível), o conjunto de dados da amostra diminui. Por exemplo, Holden e Norland [10] consideraram 4 características (física da cidade, física da vizinhança, física do agregado familiar e socioeconómica do agregado familiar) com uma dimensão de amostra de 120 agregados familiares, utilizando o método primário (inquérito). Do mesmo modo, Bartusch et.al [76] consideraram 4 características (física da cidade, física do agregado familiar, socioeconómica do agregado familiar e electrodomésticos) com uma amostra de 595 agregados familiares da Suécia, utilizando o mesmo método. No entanto, Kahn [9] também estudou 4 características (física da cidade, socioeconómica da cidade, física do agregado familiar, socioeconómica do agregado familiar), mas utilizou uma amostra de 7040 agregados familiares, uma vez que os dados utilizados eram secundários. Verifica-se uma tendência semelhante em todos os estudos. Observa-se que os estudos centrados nas características da cidade e do agregado familiar utilizam mais dados secundários, ao passo que os dados relativos ao bairro são normalmente recolhidos através de métodos primários e, por vezes, utilizando imagens de satélite. Isto deve-se à cobertura adequada das características da cidade e do agregado familiar nos dados secundários, ao passo que os arredores do bairro não são abrangidos por essas fontes de dados. Além disso, os dados concisos ao nível do agregado familiar, quando calculados para toda a cidade, tornam-se dados à escala da cidade.

3.4 Método de análise utilizado

Verifica-se que, de um total de 83 estudos, 35 utilizaram a análise estatística, 32 utilizaram a simulação, 7 utilizaram o método econométrico e 9 utilizaram a experimentação. Verifica-se que o método de simulação foi mais utilizado a nível da cidade, ao passo que a simulação foi mais utilizada a nível do bairro e do agregado familiar. Também se pode depreender do estudo [96] que existem duas abordagens para modelar o consumo de energia de edifícios residenciais: Top down e Bottom up. A abordagem descendente considera os edifícios residenciais como um sumidouro de energia e não distingue o consumo de energia devido a utilizações finais individuais, pelo que considera o consumo per capita de cada agregado familiar, como em [3, 6-9, 12-14, 18, 19, 86, 88], para o qual é utilizada a análise estatística. Este método estatístico é utilizado a nível regional ou nacional. A abordagem ascendente é a mais adequada para descobrir a contribuição de cada residência, como em [49-57, 62, 65, 68, 69, 74, 75, 77, 82], utilizando a análise estatística. Do mesmo modo, a simulação é utilizada como método descendente em [5, 17, 83, 84] e como método ascendente em [12-15, 20, 22-24, 26-

28, 31, 34, 41, 42, 45-47, 58, 61, 64, 66, 73, 76, 78, 90, 92]. O método econométrico foi utilizado por [11, 62, 63, 67, 70-72], enquanto que as experiências foram efectuadas por [30, 32, 33, 35-37, 81, 90].

Todos os métodos utilizados têm certas vantagens e desvantagens [96]. O método estatístico é fácil de utilizar, mas pode não ter um bom desempenho se o modelo for desenvolvido a partir de conjuntos de dados não homogéneos. Além disso, o modelo estatístico desenvolvido pode não conseguir prever a utilização de energia de um agregado familiar com características heterogéneas ou alternativas que não participaram no desenvolvimento do modelo de utilização de energia. Esta pode ser a razão da significância não semelhante encontrada por McLoughlin, Duffy & Conlon [50] e Leahy & Lyons [56] para a classificação social de HoF, apesar de ambos terem a mesma área de estudo de agregados familiares na Irlanda. Estas desvantagens podem ser ultrapassadas utilizando a simulação, mas o seu desempenho varia muito se as características do modelo, como a gama de conforto térmico, o número de ocupantes, o horário de utilização, etc., não forem introduzidas corretamente. Os métodos experimentais são exactos, mas podem ter um desempenho dentro da gama de características das alternativas experimentais, para além de serem dispendiosos e demorados.

3.5 Processos de consumo de energia

A repartição do consumo de energia depende dos processos de consumo de energia que têm lugar no interior do edifício e que incluem a luz do dia e a iluminação artificial, o aquecimento, o arrefecimento, a água quente, a ventilação, a refrigeração, a informática, os aparelhos/equipamentos e a cozinha [93,94,95], sendo este consumo designado por consumo final de energia [1] e este estudo limita-se ao mesmo para a utilização de energia eléctrica. A existência e a extensão dos processos dependem de muitos factores que se encontram neste estudo. Assim, é verdade que a redução ou o aumento da quantidade de processos resultará num aumento subsequente do consumo de energia, de acordo com a sua proporção no consumo total de energia. Existem vários processos a nível doméstico, tais como iluminação, aquecimento, arrefecimento, ventilação, refrigeração, informática, entretenimento, etc., e o consumo de eletricidade é o somatório da divisão de cada um deles, que depende da sua percentagem no consumo total de energia, e esta contribuição depende de vários factores identificados. No entanto, a contribuição de cada processo pode não ser a mesma em vários estudos, uma vez que esta repartição depende também das condições climáticas, já que o aquecimento será máximo em climas frios e o arrefecimento em climas quentes. Verificou-se que há um total de 47 estudos que consideraram estes processos. Os vários processos considerados por cada um destes estudos são apresentados no quadro 9.

Tabela 9: Processos energéticos considerados em vários estudos

S. Não.	Processos energéticos considerado	Referência	Total de estudos
1	Iluminação (L)	[49]	1
2	Aquecimento (H)	[14], [15], [21], [47]	4
3	Arrefecimento (C)	[5], [18], [23], [27], [28], [29], [30], [35], [36], [37], [39], [65], [67], [69]	14
4	Ventilação (V)	[41], [46]	2
5	LHC	[19], [20], [66]	3
6	HC	[3], [12], [13], [17], [22], [24], [25], [32], [33], [34],	15

		[38], [40], [48], [58], [59]	
7	VHC	[16], [45]	2
8	HCHw	[31]	2
9	HV	[42]	1
10	HCHwA	[77]	1
11	LHCV	[26]	1
12	LHCHw	[6]	1
13	Todos, exceto aquecimento	[54]	1

L-Luminosidade, H-Aquecimento, C-Refrigeração, V-Ventilação, Hw- Água quente

Verificou-se que a maioria dos estudos se centrava na utilização da energia de arrefecimento (16 citações), seguida de aquecimento e arrefecimento (14 citações) e apenas aquecimento (4 citações). Alguns estudos centraram-se apenas na iluminação, aquecimento e arrefecimento (3 citações), aquecimento, arrefecimento e ventilação (2 citações), ventilação (2 citações), aquecimento, arrefecimento e água quente (2) e outros mencionaram 1 citação cada. Por conseguinte, é importante notar que, uma vez que os vários autores se concentraram em processos diferentes, a importância de cada fator encontrado por eles é única. Assim, a importância encontrada por cada autor não é comparável, exceto se todos os processos de consumo de energia forem considerados em todos os estudos para comparação. No entanto, o significado encontrado em cada estudo é válido, uma vez que os processos considerados são os mesmos.

3.6 Rastreio de factores

Nesta secção, são identificados vários factores considerados mais frequentes do que outros a partir do número de citações/estudos a vários níveis. É feita uma análise mais aprofundada dos factores com uma fundamentação adequada. Verifica-se que alguns factores são factores reduzidos que podem ser calculados utilizando outros factores já estudados noutros estudos e, por conseguinte, para preparar uma lista exaustiva, essa sobreposição é identificada e eliminada através da triagem dos factores. No entanto, ao considerar os factores reduzidos e a combinação de factores de base, há que ter o cuidado de selecionar o fator reduzido ou os factores de base de acordo com a compreensão e a aceitação mais ampla pelas partes interessadas e a nomenclatura prevalecente de acordo com os regulamentos, códigos, etc. existentes. Por conseguinte, o autor toma a decisão de considerar o fator reduzido ou os factores de base em conformidade.

3.6.1 Factores de características ambientais a vários níveis

O fator mais considerado entre todos os factores para as características ambientais é o "UHI", que é considerado em 11 estudos a nível de cidade e 13 a nível de bairro. Segue-se o "clima", que é considerado por 3 estudos a nível da cidade, 7 estudos a nível do bairro e 6 estudos a nível do agregado familiar, como mostra a Figura 3. Os "graus-dia" são um fator considerado por 1 estudo a nível da cidade e 3 estudos a nível do agregado familiar e as "radiações solares" por 3 estudos a nível do bairro. A "velocidade do vento", a "temperatura de inflexão do limiar" e a "temperatura do ar" são consideradas factores importantes em apenas 1 estudo.

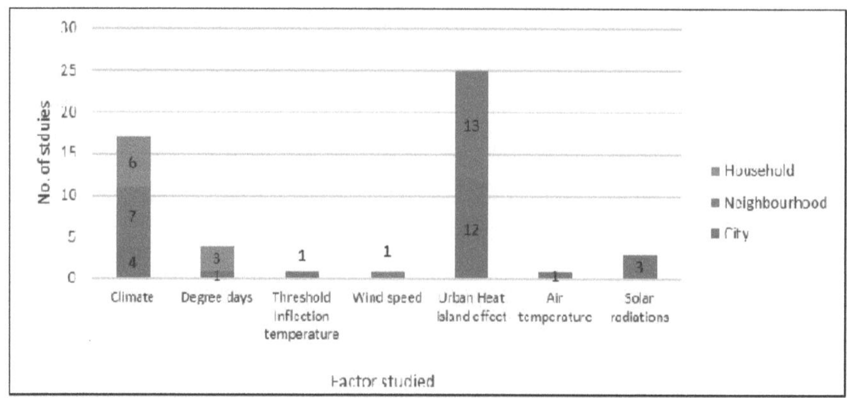

Figura 3: Factores ambientais citados no número de estudos a vários níveis

Verifica-se que o fator "clima" é um fator qualitativo e é considerado para os estudos em que se compara o consumo de energia de edifícios residenciais em mais do que um local, pelo que é considerado subjetivo e não é analisado. Os "graus-dia" são um fator quantitativo para representar as condições climáticas, que também inclui factores como a "temperatura de inflexão do limiar" e a "temperatura do ar". Também são importantes os factores "radiação solar" e "velocidade do vento". Assim, os 4 factores de características ambientais seleccionados são "UHI", "graus-dia", "radiações solares" e "velocidade do vento".

3.6.2 A nível da cidade

Como mostra a Figura 4, entre os factores físicos, a "densidade urbana" é considerada um fator físico importante (5 citações), seguida das "superfícies frias dos telhados" (3 citações), da "cobertura verde" (3 citações), da "taxa de urbanização" (3 citações), da "área útil per capita" (2 citações) e do "tratamento de espaços abertos" (2 citações). Os factores como "orientação", "área urbana construída", "dimensão do agregado familiar", "taxa de consumo de terras" e "riqueza fundiária por habitante" são menos estudados e são abrangidos por um estudo cada.

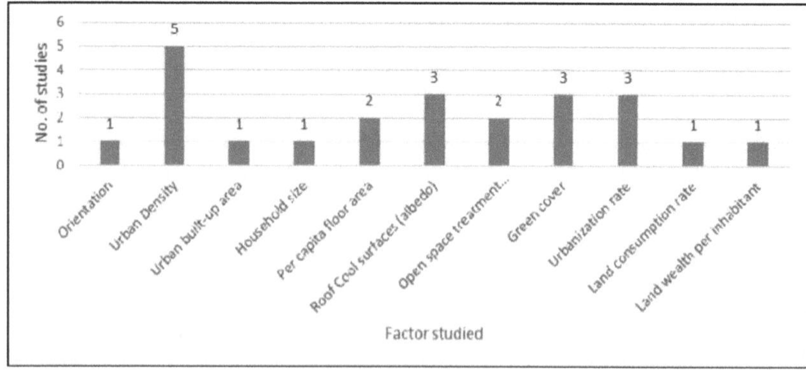

Figura 4: Nível da cidade - Factores físicos citados no número de estudos

Entre os factores socioeconómicos, o "rendimento disponível per capita" é considerado um fator socioeconómico importante (5 citações), seguido da "população da cidade" (4 citações), da "densidade populacional" (4 citações), do "consumo de combustível per capita" (3 citações) e do "número de agregados familiares" (2 citações). Outros factores, como a "idade média dos ocupantes", o "produto interno bruto (PIB) da cidade", o "PIB da indústria secundária" e o "PIB da indústria terciária", são menos estudados e abrangidos por um estudo cada. É o que mostra a Figura 5.

No que se refere aos factores relacionados com os aparelhos, factores como o "número de esquentadores", o "número de televisores", o "número de frigoríficos", o "total de aparelhos de ar condicionado", o "consumo de eletricidade do aparelho principal" e a "percentagem de casas que utilizam aquecimento elétrico" são menos estudados e abrangidos por um estudo cada. Verifica-se que as características dos aparelhos são raramente estudadas em estudos a nível da cidade. A razão pode ser a disponibilidade de dados e a utilização de dados ao nível de cada agregado familiar e não ao nível da cidade.

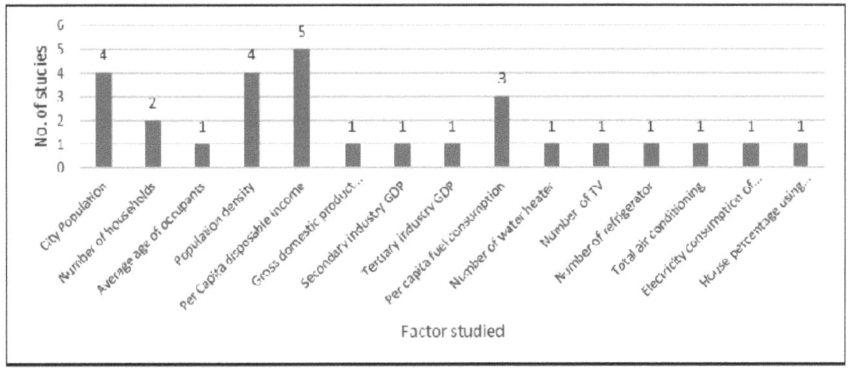

Figura 5: Nível da cidade - Factores socioeconómicos e de aparelhos citados em vários estudos
Verifica-se que o fator "área construída per capita" é um fator reduzido calculado quando o fator "área construída urbana" é dividido pelo fator "população da cidade". Por conseguinte, a utilização destes dois últimos factores é analisada, enquanto o fator "superfície de solo per capita" não foi analisado. Da mesma forma, a "densidade populacional" é calculada dividindo o fator "população da cidade" pelo fator "área urbana construída" (recíproco do fator "área útil per capita") e, por conseguinte, a densidade populacional pode não ser rastreada. Do mesmo modo, o "número de agregados familiares" e a "área urbana construída" são considerados em vez da "densidade urbana", uma vez que esta pode ser obtida dividindo os dois factores. Do mesmo modo, propõe-se a utilização de outro fator (a nível do agregado familiar) "rendimento do agregado familiar" em vez do fator "rendimento disponível per capita", uma vez que o fator "população da cidade" já é considerado. Do mesmo modo, o fator "consumo total de combustível/eletricidade" é escolhido em vez do fator "consumo de combustível per capita". Além disso, nem todos os factores "PIB" podem ser seleccionados, uma vez que os mesmos já foram considerados no fator selecionado "rendimento do agregado familiar". O fator "dimensão do agregado familiar" pode não ser selecionado, uma vez que é obtido dividindo factores já seleccionados como "população da cidade" pelo fator "número de agregados familiares". Factores como "taxa de consumo de terra" e "riqueza fundiária por habitante" podem não ser incluídos, uma vez que o fator já selecionado "taxa de urbanização" inclui também estes dois factores. Os factores de equipamento ao nível da

cidade são discutidos em pormenor ao nível dos agregados familiares, pelo que não são analisados ao nível da cidade.

Assim, os 6 factores físicos a nível da cidade analisados são "superfícies frias no telhado", "cobertura verde", "taxa de urbanização", "tratamento de espaços abertos", "orientação", "área urbana construída". Também 5 factores socioeconómicos ao nível da cidade analisados são "rendimento do agregado familiar", "população da cidade", "consumo total de combustível/eletricidade", "número de agregados familiares" e "idade média dos ocupantes".

3.6.3 A nível de bairro

Como se pode ver na Figura 6, apenas os factores físicos são estudados ao nível do bairro, enquanto os factores socioeconómicos e de equipamento são abrangidos ao nível da cidade ou do agregado familiar. Among the physical factors, 'tree cover and tree shading' is considered widely (21 number citations), followed by 'compactness/building density' (8 number citations), 'open space treatment (albedo)' (8 number citations), 'location of trees' (7 number citations), 'surrounding buildings height' (6 number citations), 'urban geometry/ street layout & orientação" (5 citações), "distância dos edifícios circundantes/ dimensão da parcela ou do lote" (5 citações), "características das plantas" (5 citações), "área de superfície dos edifícios" (4 citações), "fator de vista para o céu" (4 citações), "obstrução solar" (2 citações) e "área da piscina/área do dissipador de calor" (2 citações). Outros factores, como "rácio de parcelas verdes"; "relvado, paisagem, jardim, relva"; "índice de área foliar", "cobertura verde nas paredes" e "altitude" são menos estudados e abrangidos por um estudo cada.

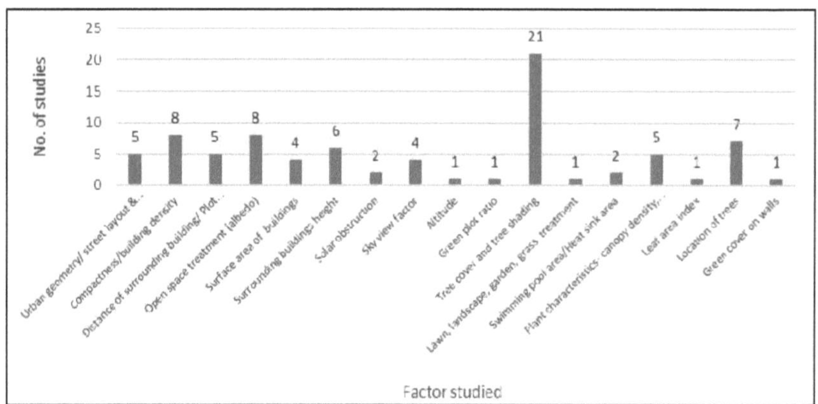

Figura 6: Nível de vizinhança - Factores físicos citados no número de estudos

Verifica-se que há uma repetição de factores à escala da cidade e do bairro. Por exemplo, o fator "densidade de construção" ao nível do bairro é também conhecido como fator "densidade urbana" ao nível da cidade, com uma diferença de escala da área de estudo, e o mesmo acontece com o "tratamento de espaços abertos", uma vez que o mesmo fator existe também ao nível da cidade.

O "coberto arbóreo e sombreamento das árvores" é um fator amplo que pode incluir as "características das plantas" se for considerado em pormenor, podendo ainda incluir o "índice de área foliar" e o "tratamento do relvado, paisagem, jardim, relva". Do mesmo modo, o "rácio de parcelas verdes" pode incluir os factores mais pormenorizados "tratamento de espaços abertos" e "distância do edifício circundante/ dimensão do lote" (quando o rácio entre a área verde e a área do lote é considerado em conjunto). Do mesmo modo, o "fator de vista para o céu" pode ser utilizado para substituir os factores "distância do edifício circundante" e "altura dos edifícios circundantes", uma vez que é o rácio entre os dois factores. No entanto, propõe-se a utilização de dois factores posteriores em vez de "rácio de parcelas verdes" e "fator de vista para o céu". A "obstrução solar" é um fator que será considerado automaticamente, tendo em conta factores como a "geometria urbana/ traçado e orientação das ruas" e o "fator de visão do céu". A "cobertura verde nas paredes" e a "altitude" são factores importantes e devem ser estudados em pormenor em futuros trabalhos de investigação. No entanto, a aplicação de "cobertura verde nas paredes" pode ser considerada como uma alternativa ao material da parede, uma vez que altera o fator U da parede e pode ser acomodada com o fator "U-wall" considerado a nível doméstico. Assim, há 6 factores físicos encontrados neste estudo para o nível do bairro, nomeadamente "Cobertura e sombreamento das árvores", "Localização das árvores", "Altura dos edifícios circundantes", "Geometria urbana/ traçado e orientação das ruas", "Distância dos edifícios circundantes/ dimensão do lote" e "Superfície dos edifícios".

3.6.4 A nível do agregado familiar

De um total de 35 factores físicos, a "área total de pavimento/área da habitação" é considerada um fator físico importante (18 citações), seguida do "tipo de habitação" (14 citações), da "idade da habitação" (13 citações), da "orientação" (12 citações), "número de divisões" (10 citações), "rácio de envidraçamento/WWR" (8 citações), "melhorias na eficiência energética/conservação/regulamentação sobre construção" (7 citações), "janela em U" (6 citações), "relação forma/aspeto" (5 citações), "isolamento das paredes" (5 citações), "número de quartos" (5 citações), "superfícies frias do telhado (albedo)" (4 citações), "isolamento do telhado" (4 citações), "número de pisos" (3 citações), "tipo de habitação unifamiliar" (3 citações), "parede U" (3 citações), "isolamento do sótão" (2 citações), "telhado em U" (2 citações), "fator de redução do sombreamento exterior/ sombreamento das janelas" (2 citações), "altura do edifício a partir do nível do solo/ altura da parede" (2 citações), "zonas passivas" (2 citações), "forma do edifício" (2 citações). Enquanto que os factores "área do telhado", "área da parede", "área da garagem", "profundidade do edifício", "temperatura interior da superfície", "coeficiente de sombreamento", "piso U", "isolamento do piso", "cor da envolvente", "métodos passivos de aquecimento e arrefecimento", "tipo de habitação multifamiliar", "número de casas de banho" são citados 1 número cada. O mesmo é mostrado na Figura 7.

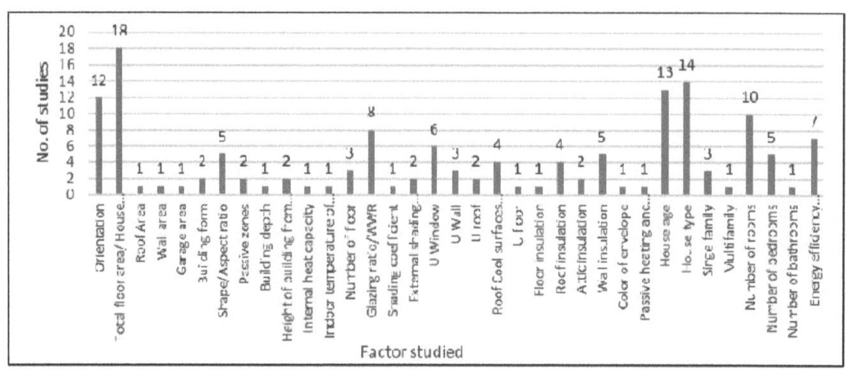

Figura 7: Nível do agregado familiar - Factores físicos citados no número de estudos

Verifica-se que o fator "área total de pavimento/área de habitação" é o mesmo fator que o fator de nível físico da cidade, nomeadamente "área urbana construída". Além disso, os factores "orientação" e "superfícies frias do telhado (albedo)" já foram analisados a um nível anterior. O fator "forma do edifício" é semelhante a três outros factores, nomeadamente "relação forma/aspeto", "zonas passivas" e "profundidade do edifício", dos quais a "relação forma/aspeto" é selecionada. O fator "tipo de casa" tem outros subfactores, como "unifamiliar" e "multifamiliar", pelo que o fator principal "tipo de casa" é selecionado. Do mesmo modo, o "número de divisões" é um fator que tem outros subfactores como o "número de quartos" e o "número de casas de banho", pelo que o fator "número de divisões" é selecionado. Factores como "isolamento do pavimento", "isolamento do telhado" e "isolamento da parede" são considerados como uma camada que modifica "U pavimento", "U telhado" e "U parede", respetivamente, pelo que são posteriormente rastreados, sendo o isolamento proposto para ser considerado como subfactor ou variável. O fator "melhorias na eficiência energética/conservação/regulamentação dos edifícios" é um fator importante, mas é um documento completo que é subjetivo, pois depende das disposições de um determinado local. Além disso, várias disposições mencionadas em cada estudo citado são consideradas como factores e consideradas na lista de factores separadamente. Por conseguinte, devido à sua natureza, não se propõe o seu rastreio. Assim, um total de 21 factores são analisados e seleccionados.

Como mostra a figura 8, de um total de 19 factores socioeconómicos, o "número de ocupantes/ dimensão do agregado familiar" é considerado um fator importante (15 citações), seguido do "rendimento do agregado familiar" (13 citações), da "presença de crianças, adolescentes, adultos e idosos" (8 citações), da "propriedade (posse)" (7 citações), da "idade do proprietário" (6 citações), do "nível de instrução do proprietário" (6 citações) e do "número de adultos" (5 citações), "número de crianças" (4 citações), "preço da energia" (3 citações), "número de idosos" (2 citações), "idade das crianças, adolescentes, adultos e idosos" (2 citações), "nível de instrução" (2 citações), "raça dos ocupantes" (2 citações), "classificação da habitação" (2 citações), "emprego da habitação" (2 citações), "horas de permanência no quarto" (2 citações). Factores como o "rendimento disponível", a "relação custo-eficácia" e a "hora de abertura das portas" foram citados 1 vez cada.

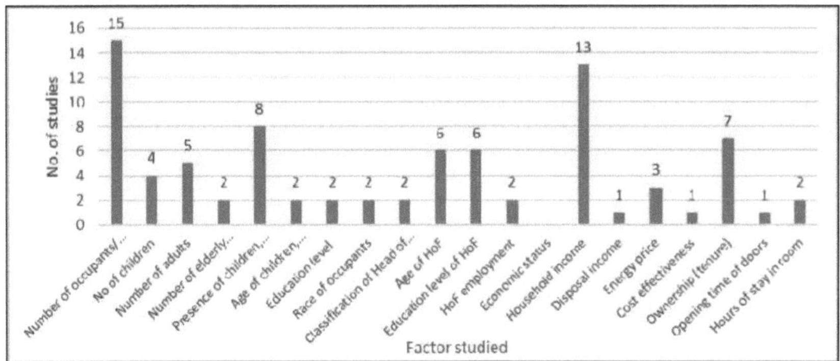

Figura 8: Nível do agregado familiar - Factores socioeconómicos citados no número de estudos

Verifica-se que o "rendimento do agregado familiar" é um fator mais utilizado do que o "rendimento disponível". Além disso, o "nível de instrução" e a "idade de todos os ocupantes" são factores mais adequados do que o "nível de instrução do chefe de família" e a "idade do chefe de família", respetivamente. O fator "custo-eficácia" é um processo e um passo avançado para avaliar as alternativas propostas, pelo que não é considerado adequado como fator de seleção. Assim, foram analisados 15 factores no total.

Entre os 45 factores relacionados com os electrodomésticos, o "sistema elétrico de aquecimento de água" é considerado um fator importante (9 citações), seguido de "máquina de secar roupa" (7 citações), "número de frigoríficos" (6 citações), "tipo de frigorífico" (6 citações), "computador, computador portátil" (6 citações), "número total de electrodomésticos" (5 citações), "televisão/televisão portátil" (5 citações), "utilização de iluminação de baixo consumo" (5 citações), "maior eficiência do ar condicionado" (5 citações), "forno elétrico" (4 citações), "máquina de lavar roupa" (4 citações), "aparelho de ar condicionado" (4 citações), "consola de vídeo" (3 citações), "máquina de lavar louça" (3 citações), "ponto de regulação da refrigeração" (3 citações), "eficiência energética/aparelhos com estrela energética" (3 citações), "bomba de água" (2 citações), "padrão de utilização dos aparelhos" (2 citações), "horas de utilização do ar condicionado" (2 citações), "tipo (tamanho) do ar condicionado" (2 citações). Todos os outros factores dos aparelhos são citados 1 número cada. O mesmo é mostrado na Figura 9.

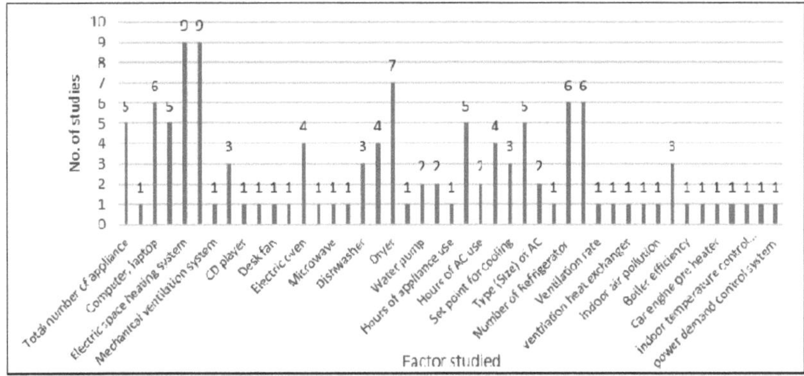

Figura 9: Nível do agregado familiar - Factores relacionados com os aparelhos citados no número de

estudos

Verifica-se que o "consumo de energia dos aparelhos" depende do "número de aparelhos", do "padrão de utilização dos aparelhos", do "nível de eficiência dos aparelhos", do "equipamento/aparelho alternativo utilizado", da "potência em watts e do fator de potência do aparelho". O fator "ponto de regulação para arrefecimento", no caso do ar condicionado, já é considerado como "temperatura de inflexão térmica" a nível da cidade. Os vários aparelhos passam a ser subfactores dos factores principais acima mencionados. Assim, um total de 6 factores são analisados em função do carácter dos aparelhos.

3.6.5 Rastreio dos factores responsáveis pelo UHI

Considerando o impacto da UHI na utilização de energia, os factores responsáveis pela UHI são também considerados e enumerados na Tabela 10 para as características ambientais, físicas e socioeconómicas. Ao selecionar os factores, verifica-se que todos os factores identificados para as características físicas e socioeconómicas já constam da lista exaustiva. Os factores ambientais responsáveis pela UHI são de natureza indireta e, por conseguinte, não devem ser integrados na lista exaustiva, mas recomenda-se que os mesmos sejam considerados pelos estudos que se centram na UHI e no efeito da UHI na utilização de energia.

Por último, foram analisados um total de 4 factores relativos às características ambientais. Além disso, foram seleccionados 6 factores físicos e 5 factores socioeconómicos ao nível da cidade; 6 factores físicos ao nível do bairro e 20 factores físicos, 16 factores socioeconómicos e 6 factores de equipamento para serem utilizados em todos os estudos futuros.

Quadro 10: Lista de factores examinados a vários níveis

S. Não.	CARACTERÍSTICAS FÍSICAS	S. Não.	CARACTERÍSTICAS SOCIOECONÓMICAS
	Nível da cidade		**Nível da cidade**
1	Superfícies de arrefecimento dos telhados	1	Rendimento do agregado familiar
2	Cobertura verde	2	População da cidade
3	Taxa de urbanização	3	Consumo total de combustível/eletricidade
4	Tratamento de espaços abertos	4	Número de agregados familiares
5	Orientação	5	Idade média dos ocupantes
6	Área urbana construída	**S. Não.**	**Nível do agregado familiar**
S. Não.	**Nível de vizinhança**	1	Número de ocupantes/ Dimensão do agregado familiar
1	Coberto arbóreo e sombreamento de árvores	2	Número de filhos
2	Localização das árvores	3	Número de adultos
3	Altura dos edifícios circundantes	4	Número de pessoas idosas
4	Geometria urbana/ traçado e orientação das ruas	5	Idade das crianças, adolescentes, adultos e idosos
5	Distância do edifício circundante/	6	Presença de crianças, adolescentes, adultos e idosos
6	Superfície dos edifícios	7	Nível de educação dos ocupantes
7	Coberto arbóreo e sombreamento de árvores	8	Classificação do chefe de família (HoF)

S. Não.	Nível do agregado familiar	9	Emprego no HoF
1	Área do telhado	10	Rendimento do agregado familiar
2	Área da parede	11	Horas de permanência no quarto
3	Zona de garagem	12	Tempo de abertura da porta
4	Forma do edifício	13	Propriedade (posse)
5	Forma/Razão de aspeto	14	Preço da energia
6	Altura do edifício a partir do nível do solo/ altura da parede	15	Raça dos ocupantes
7	Capacidade térmica interna	S. Não.	**CARACTERÍSTICAS DO APARELHO**
8	Temperatura interior da superfície		**Nível do agregado familiar**
9	Número de pisos	1	Propriedade dos aparelhos
10	Rácio de envidraçamento/WWR	2	Padrão de utilização dos aparelhos
11	Coeficiente de sombreamento/	3	Nível de eficiência dos aparelhos
12	Fator de redução do sombreamento exterior/ sombreamento das janelas	4	Equipamento/aparelho alternativo utilizado
13	Janela U	5	Potência e fator de potência do aparelho
14	Parede U	S. Não.	**CARACTERÍSTICAS AMBIENTAIS**
15	Teto em U		**Todos os níveis**
16	Piso U	1	Efeito de ilha de calor urbano
17	Cor do envelope	2	Dias de curso
18	Métodos passivos de aquecimento e arrefecimento	3	Radiações solares
19	Idade da casa	4	Velocidade do vento
20	Tipo de casa		
21	Número de quartos		

Capítulo 4

Conclusão

O estudo analisou a literatura sobre a identificação e a importância dos factores ao nível da cidade, do bairro e do agregado familiar em quatro categorias: características ambientais, físicas, socioeconómicas e dos aparelhos, que são responsáveis pelo consumo de energia. Além disso, a importância identificada é analisada em várias condições de estudo. Finalmente, procede-se à seleção dos factores para que possam ser utilizados de forma abrangente. São tiradas as seguintes conclusões.

1. O consumo de energia dos edifícios residenciais é um processo complexo e resulta de factores ambientais e outros a vários níveis, ou seja, a nível da cidade, da vizinhança e do agregado familiar, tal como identificado no Quadro 1, no Quadro 2, no Quadro 3 e no Quadro 4, que inclui ainda as características físicas, socioeconómicas e dos aparelhos a cada nível. O número de factores considerados em cada estudo e o seu impacto no consumo de energia são enumerados em termos de significância positiva, negativa, mista ou nula. Foi identificado um total de 7 factores para as características ambientais a todos os níveis. Também foi identificado um total de 14 factores físicos, 9 de vizinhança e 6 de aparelhos a nível da cidade, enquanto que 18 factores físicos a nível da vizinhança e 35 factores físicos, 20 de vizinhança e 45 de aparelhos foram identificados a nível doméstico.

2. A UHI é considerada como um fator ambiental em vários estudos, mas são poucos os estudos que consideram uma série de factores responsáveis pelo desenvolvimento da UHI. Verificou-se que existem 10 factores ambientais, 30 factores físicos e 1 fator socioeconómico responsáveis pelo UHI. Esta lista abrangente de factores é útil para todos os trabalhos de investigação relacionados com o estudo do efeito UHI e do impacto do UHI na utilização de energia.

3. A significância é ainda analisada em função das condições de estudo, tais como a área geográfica de estudo, o nível dos factores, a fonte de dados, a dimensão das amostras de dados, o método de análise utilizado e os processos de consumo de energia considerados. Verifica-se que a significância obtida em cada estudo é única devido às condições do estudo e em caso algum deve ser comparada entre si.

4. Os factores identificados são ainda examinados para evitar a sua repetição. Além disso, o autor selecciona os factores entre os factores reduzidos ou os factores básicos, de acordo com a compreensão e a aceitação mais ampla por parte das partes interessadas e a nomenclatura prevalecente, de acordo com os regulamentos, códigos, etc. existentes. Assim, foi selecionado um total de 6 factores físicos e 5 factores socioeconómicos ao nível da cidade; 6 factores físicos ao nível do bairro e 20 factores físicos, 16 factores socioeconómicos e 6 factores relativos aos aparelhos, que serão utilizados em todos os estudos futuros. Recomenda-se a utilização desta lista exaustiva de todos os estudos a todos os níveis, como se mostra no Quadro 9. A seleção de factores para escolha entre factores reduzidos ou básicos pode ser feita em todos os estudos futuros a partir do Quadro 1-4, de acordo com as necessidades, uma vez que os factores reduzidos, como a "densidade urbana", são mais adequados para estudos a nível urbano, enquanto os factores básicos são mais adequados para estudos a nível doméstico ou de bairro.

5. Os factores ao nível da cidade e do agregado familiar são praticamente os mesmos, sendo considerado o valor médio de vários agregados familiares para estudar os mesmos factores à escala da cidade, ao passo que os dados ao nível do bairro não são recolhidos através de fontes secundárias, mas sim através de dados primários. Além disso, em muitos estudos, as características físicas à escala da cidade são assumidas através das condições físicas típicas de um bairro, como ruas urbanas, grupos de agregados familiares, edifícios e espaços circundantes, que se supõe estarem relacionados em toda a cidade para obter o efeito ao nível da cidade. Do mesmo modo, os factores socioeconómicos e de equipamento ao nível da cidade são também incluídos ao nível do agregado familiar. Assim, recomenda-se que, em todos os estudos futuros sobre o consumo de energia, se considere pelo menos uma lista completa de factores à escala da vizinhança e ao nível do agregado familiar, como se mostra nos quadros 3 e 4, para se obterem resultados exactos.

Esta revisão da literatura é útil não só para trabalhos de investigação relacionados com a utilização de energia ao nível do planeamento urbano, da vizinhança e de cada agregado familiar, mas também para trabalhos de investigação relacionados com a UHI, os seus factores responsáveis e o impacto da UHI na utilização de energia.

Referências

[1] . Agência Internacional da Energia. World Energy Outlook. OECD/IEA; 2013 (online) http://www.iea.org/publications/freepublications/publication/WEO2013 Executive Summary English.p df(acedido em 22 de janeiro de 2015)

[2] . The Citywide General Plan Framework- An Element of the City of Los Angeles General Plan. Departamento de Planeamento da Cidade de Los Angeles. Los Angeles, CA. 2001.

[3] . E. De Cian, E. Lanzi, R. Roson. O impacto da mudança de temperatura na procura de energia: A Dynamic Panel Analysis. Número I. Índice da série Fondazione Eni Enrico MatteiNote di Lavoro. 2007.

[4] . Santamouris, M., Cartalis, C., Synnefa, A., & Kolokotsa, D. (2014). Sobre o impacto da ilha de calor urbana e do aquecimento global na procura de energia e no consumo de eletricidade dos edifícios - uma revisão. *Energia e Edifícios, 98 (2015) 119-124*

[5] . Hassid, S., Santamouris, M., Papanikolaou, N., Linardi, A., Klitsikas, N., Georgakis, C., & Assimakopoulos, D. N. The effect of the Athens heat island on air conditioning load. *Energy and Buildings, 32(2)* (2000) 131-141.

[6] . Hirano, Y., & Fujita, T. Avaliação do impacto da ilha de calor urbana no consumo de energia residencial e comercial em Tóquio. *Energia, 37*(1) (2012) 371-383.

[7] . Wei Yu; Pagani, R.; Lei Huang, Analysis of the Factors Influencing the Energy Consumption Pattern of Two Million Level Cities In China, Management and Service Science, 2009. MASS '09. Conferência Internacional. pp.1-4, 20-22 Set. 2009. (IEEE)

[8] . Lariviere, Isabelle, e Gae'tan Lafrance. Modelação do consumo de eletricidade das cidades: Effect of Urban Density. Energy economics 21 (1) (1999) 53-66.

[9] . Kahn, Matthew E. The Environmental Impact of Suburbanization [O Impacto Ambiental da Suburbanização]. Journal of Policy Analysis and Management 19 (4) (2000) 569-86.

[10] . Holden, E., e I. T. Norland. Three Challenges for the Compact City as a Sustainable Urban Form (Três Desafios para a Cidade Compacta como Forma Urbana Sustentável): Household Consumption of Energy and Transport in Eight Residential Areas in the Greater Oslo Region. Urban Studies 42 (12) (2005) 2145-66.

[11] . Madlener, R., & Sunak, Y. Impactos da urbanização nas estruturas urbanas e na procura de energia: O que podemos aprender para o planeamento energético urbano e a gestão da urbanização? *Cidades Sustentáveis e Sociedade, 1*(1)(2011) 45-53.

[12] . Pitt, Damian.Assessing Energy Use and Greenhouse Gas Emission Savings from Compact Housing: Um estudo de caso numa pequena cidade.Local Environment: O Jornal Internacional de Justiça e Sustentabilidade, 18(8) (2013) 904-920

[13] . Pitt, Damian. Evaluating the Greenhouse Gas Reduction Benefits of Compact Housing Development (Avaliação dos benefícios da redução de gases com efeito de estufa do desenvolvimento de habitações compactas). Jornal de Planeamento e Gestão Ambiental. 56 (4) (2013) 588-606.

[14] . Jusuf, S. K., Wong, N. H., Hagen, E., Anggoro, R., & Hong, Y. The influence of land use on the urban heat island in Singapore. *Habitat International, 31*(2) (2007) 232-242.

[15] . Simpson, James R. Urban Forest Impacts on Regional Cooling and Heating Energy Use: Sacramento County Case Study. Journal of Arboriculture 24 (1998) 201-14.

[16] . Akbari, Hashem, Mel Pomerantz e Haider Taha. Cool Surfaces and Shade Trees to Reduce Energy Use and Improve Air Quality in Urban Areas [Superfícies frias e árvores de sombra para reduzir o consumo de energia e melhorar a qualidade do ar em áreas urbanas]. Solar Energy 70 (3) (2001) 295-310.

[17]   . Donovan, Geoffrey H., e David T. Butry. The Value of Shade: Estimating the Effect of Urban Trees on Summertime Electricity Use.Energy and Buildings, 41 (6) (2009) 662-68.

[18]   . Jensen, Ryan R., James R. Boulton e Bruce T. Harper. The Relationship between Urban Leaf Area and Household Energy Usage in Terre Haute, Indiana, US. Journal of Arboriculture, 29 (4) (2003) 22630.

[19]   . Chun-sheng, Z., Shu-wen, N., & Xin, Z. Efeitos do consumo doméstico de energia no ambiente e seus factores de influência em *áreas* rurais e urbanas.*Energy Procedia, 14* (2012) 805-811.

[20]   . Ratti, C., Baker, N., & Steemers, K. Energy consumption and urban texture. *Energy and buildings, 37(7)* (2005) 762-776.

[21]   . Steemers, K. Energy and the city: density, buildings and transport. *Energy and buildings, 35*(1) (2003) 3-14.

[22]   . Kaza, Nikhil. Understanding the Spectrum of Residential Energy Consumption (Compreender o espetro do consumo de energia residencial): A Quantile Regression Approach. Política Energética 38 (11) (2010) 6574-85.

[23]   . Wong, N. H., Jusuf, S. K., Syafii, N. I., Chen, Y., Hajadi, N., Sathyanarayanan, H., & Manickavasagam, Y. V. Evaluation of the impact of the surrounding urban morphology on building energy consumption. *Solar Energy, 35*(1) (2011) 57-71.

[24]   . Bouyer, J., Musy, M., Huang, Y., & Athamena, K. Mitigating urban heat island effect by urban design: forms and materials. In *Actas do 5º simpósio de investigação urbana, cidades e alterações climáticas: responder a uma agenda urgente, Marselha* (2009, junho) (pp. 28-30).

[25]   . Rosenfeld, Arthur H., Hashem Akbari, Joseph J. Romm e Mel Pomerantz. Cool Communities: Strategies for Heat Island Mitigation and Smog Reduction. Energy and Buildings 28 (1) (1998) 51-62.

[26]   . Strpmann-Andersen, J., & Sattrup, P. A. The urban canyon and building energy use: Densidade urbana versus luz do dia e ganhos solares passivos. *Energy and Buildings, 43*(8)(2011) 2011-20

[27]   . Kikegawa, Y., Genchi, Y., Kondo, H., & Hanaki, K. Impacts of city-block-scale countermeasures against urban heat-island phenomena upon a building's energy-consumption for air-conditioning. *Applied Energy, 83(6)* (2006) 649-668.

[28]   . Rudie, R. J., e R. S. Dewers. Effects of Tree Shade on Home Cooling Requirements". Journal of Arboriculture 10 (12) (1984) 320-22.

[29]   . Akbari, Hashem, e Haider Taha. The Impact of Trees and White Surfaces on Residential Heating and Cooling Energy Use in Four Canadian Cities [O Impacto das Árvores e das Superfícies Brancas na Utilização de Energia para Aquecimento e Arrefecimento Residencial em Quatro Cidades Canadianas]. Energy (Oxford) 17 (2)(1992) 141-49.

[30]   . Parker, John H. Landscaping to Reduce the Energy used in Cooling Buildings (Paisagismo para reduzir a energia utilizada no arrefecimento de edifícios). Journal of Forestry, 81 (2) (1983) 82-105.

[31]   . Robert L. Thayer, Jr. e Bruce T. Maeda. Medição do impacto das árvores de rua no desempenho solar: A Five- Climate Computer Modeling Study. Journal of Arboriculture 11(1) (1985) 1-12.

[32]   . DeWalle, David R., Gordon M. Heisler e Robert E. Jacobs. Forest Home Sites Influence Heating and Cooling Energy". Journal of Forestry 81 (2)(1983) 84-88.

[33]   . DeWalle, David R., e Gordon M. Heisler. Windbreak Effects on Air Infiltration and Space Heating in a Mobile Home."Energy and Buildings 5(4) (1983) 279-88.

[34]   . Y,J, Hashem Akbari, Haider Taha, e Arthur H. Rosenfeld. The Potential of Vegetation in Reducing Summer Cooling Loads in Residential Buildings (O Potencial da Vegetação na Redução das Cargas de Arrefecimento no verão em Edifícios Residenciais). Journal of Applied Meteorology 26 (9) (1987) 110316.

[35]   . McPherson, Gregory E., James R. Simpson e Margaret Livingston. Effects of Three Landscape Treatments on Residential

Energy and Water Use in Tucson, Arizona". Energy and Buildings, 13 (2) (1989) 127-38.

[36] . Akbari, Hashem, Dan M. Kurn, Sarah E. Bretz e James W. Hanford. Peak Power and Cooling Energy Savings of Shade Trees (Poupança de Energia de Pico e de Arrefecimento das Árvores de Sombra). Energy and Buildings, 25 (2) (1997) 139-48.

[37] . Laband, David N., e John P. Sophocleus. An Experimental Analysis of the Impact of Tree Shade on Electricity Consumption [Análise experimental do impacto da sombra das árvores no consumo de eletricidade]. Arboriculture and Urban Forestry 35 (4)(2009) 197-202.

[38] . Laverne, Robert J., e Geofferey McD. Lewis. The Effect of Vegetation on Residential Energy Use in Ann Arbor, Michigan. Journal of Arboriculture 22 (5) (1995) 234-43.

[39] . Pandit, Ram, e David N Laband. A Hedonic Analysis of the Impact of Tree Shade on Summertime Residential Energy Consumption [Uma análise hedónica do impacto da sombra das árvores no consumo de energia residencial no verão]. Arboriculture & Urban Forestry 36 (3) (2010).73-80.

[40] . Pandit, Ram, e David N. Laband. Energy Savings from Tree Shade [Poupança de energia resultante da sombra das árvores]. Ecological Economics 69 (6) (2010) 1324-29.

[41] . Wong, M. S., Nichol, J. E., To, P. H., & Wang, J. A simple method for designation of urban ventilation corridors and its application to urban heat island analysis. *Building and Environment, 45*(8)(2010) 18801889.

[42] . Okeil, A. A holistic approach to energy efficient building forms. *Energy and Buildings, 42(9)* (2010) 1437-1444.

[43] . T.R. Oke. Boundary Layer Climates. Routledge. Methuen, EUA, 1987.

[44] . R.L. Knowles. Energia e Forma: An Ecological Approach to Urban Growth. The MIT Press, EUA, 1977.

[45] . Santamouris, M., Papanikolaou, N., Livada, I., Koronakis, I., Georgakis, C., Argiriou, A., & Assimakopoulos, D. N. On the impact of urban climate on the energy consumption of buildings. *Solar energy, 70*(3) (2001) 201-216.

[46] . Mirzaei, P. A., & Haghighat, F. Uma nova abordagem para melhorar a qualidade do ar exterior: Sistema de ventilação para peões. *Building and Environment, 45(7)* (2010) 1582-1593.

[47] . Hirst, E., Goeltz, R., & Carney, J. Residential energy use: analysis of disaggregate data. *Energy Economics, 4*(2) (1982) 74-82.

[48] . Ewing, Reid, e Fang Rong. The Impact of Urban form on US Residential Energy Use". Housing Policy Debate 19 (1) (2008) 1-30.

[49] . Bedir M, Hasselaar E, Itard L. Determinantes do consumo de eletricidade em habitações holandesas. Energy and Buildings,58 (2013) 194-207.

[50] . McLoughlin F, Duffy A, Conlon M. Characterising domestic electricity consumption patterns by dwelling and occupant socioeconomic variables: an Irish case study. Energy Build,48 (2012) 240-8.

[51] . Baker KJ, Rylatt RM. Improving the prediction of UK domestic energy demand using annual consumption data (Melhorar a previsão da procura doméstica de energia no Reino Unido utilizando dados de consumo anual). Appl Energy 85(6) (2008) 475-82.

[52] . Tso GKF, Yau KKW. Predicting electricity energy consumption: a comparison of regression analysis, decision tree and neural networks (Previsão do consumo de energia eléctrica: uma comparação entre análise de regressão, árvore de decisão e redes neuronais). Energia 32 (9) (2007) 1761-8.

[53] . Kavousian A, Rajagopal R, Fischer M. Determinantes do consumo residencial de eletricidade: utilização de dados de contadores inteligentes para examinar o efeito do clima, das características do edifício, do parque de aparelhos e do comportamento dos ocupantes. Energia 55 (2013) 184-94.

[54] . Gram-Hanssen, K., Kofod, C., & Nsrvig Petersen, K. Different everyday lives: different patterns of electricity use. *2004 ACEEE*

Summer study on energy efficiency in buildings, (2004)1-13.

[55] . Bartiaux F, Gram-Hanssen K. Socio-political factors influencing household electricity consumption: a comparison between Denmark and Belgium. In: Actas do Estudo de verão ECEEE 2005, Conselho Europeu para uma Economia Eficiente em termos Energéticos, (2005) 1313-25.

[56] . Leahy E, Lyons S. Energy use and appliance ownership in Ireland [Utilização de energia e posse de electrodomésticos na Irlanda]. Energy Policy, 38(8): (2010) 4265 79.

[57] . Carter A, Craigwell R, Moore W. Price reform and household demand for electricity. JPolicy Model 34(2) (2012) 242-52.

[58] . Paradis, M. A., G. Faucher, e D. N. Nguyen. Street Orientation and Energy Consumption in Residences (Orientação da rua e consumo de energia em residências). ASHRAE Transactions 89 (1A) (1983) 276-87.

[59] . Pacheco, R., Ordonez, J., & Martinez, G. Energy efficient design of building: A review. *Renewable and Sustainable Energy Reviews, 16*(6) (2012) 3559-73.

[60] . Bostancioglu, E. Effect of building shape on a residential building's construction, energy and life cycle costs (Efeito da forma do edifício nos custos de construção, energia e ciclo de vida de um edifício residencial). *Architectural Science Review, 53*(4)(2010) 441-67.

[61] . Boehm, R. F. Uma abordagem para diminuir o pico da procura de eletricidade em residências. *Energy Procedia, 14* (2012) 337-342.

[62] . Mechri, H. E., Capozzoli, A., & Corrado, V. Utilização da abordagem ANOVA para o projeto energético de edifícios sensíveis. *Applied Energy, 87(10)* (2010) 3073-3083.

[63] . Antonopoulos, K. A., Gioti, F., & Tzivanidis, C. Um modelo transiente para a análise energética de espaços interiores. *Applied Energy, 87*(10), (2010) 3084-3091.

[64] . Ihm, P., & Krarti, M. Otimização da conceção de edifícios residenciais energeticamente eficientes na Tunísia. *Construção e Ambiente, 58* (2012) 81-90.

[65] . Clark, Kim E., e David Berry. House Characteristics and the Effectiveness of Energy Conservation Measures. Journal of the American Planning Association 61 (3) (1995) 386-95.

[66] . Song, D., & Choi, Y. J. Effect of building regulation on energy consumption in residential buildings in Korea (Efeito da regulamentação dos edifícios no consumo de energia em edifícios residenciais na Coreia). *Renewable and Sustainable Energy Reviews, 16*(1) (2012) 1074-1081.

[67] . Escriva-Escriva, G., Alvarez-Bel, C., & Penalvo-Lopez, E. New indices to assess building energy efficiency at the use stage. *Energy and Buildings, 43(2)* (2011) 476-484.

[68] . Hemsath, T. L., & Bandhosseini, K. A. Análise de sensibilidade avaliando o efeito da geometria básica do edifício no uso de energia. Renewable Energy, 76 (2015) 526-538.

[69] . Cramer JC, Miller N, Craig P, Hackett BM. Social and engineering determinants and their equity implications in residential electricity use. Energy10(12) (1985) 1283-91.

[70] . Zhou, S., & Teng, F. Estimativa da procura de eletricidade residencial urbana na China utilizando dados de inquéritos aos agregados familiares. Política Energética, 61 (2013) 394-402.

[71] . Jones, R. V., & Lomas, K. J. Determinants of high electrical energy demand in UK homes: Características socioeconómicas e de habitação. Energy and Buildings, 101 (2015) 24-34.

[72] . Wiesmann, D., Azevedo, I. L., Ferrao, P., & Fernández, J. E. Residential electricity consumption in Portugal: Conclusões dos

modelos top-down e bottom-up. Política Energética, 39(5) (2011) 2772-79.

[73]   . Brounen D, Kok N, Quigley JM. Utilização e conservação de energia residencial: economia e demografia. EurEconRev 56(5) (2012) 931-45.

[74]   . Wyatt P. A dwelling-level investigation into the physical and socioeconomic drivers of domestic energy consumption in England [Uma investigação ao nível da habitação sobre os factores físicos e socioeconómicos do consumo doméstico de energia em Inglaterra]. Política Energética, 60 (2013) 540-9.

[75]   . Estiri, H. Building and household X-factors and energy consumption at the residential sector: A structural equation analysis of the effects of household and building characteristics on the annual energy consumption of US residential buildings. Economia da Energia, 43, (2014) 178-184.

[76]   . Bartusch C, Odlare M, Wallin F, Wester L. Exploring variance in residential electricity consumption: household features and building properties. ApplEnergy 92 (2012) 637-43.

[77]   . Min, Jihoon, Zeke Hausfather e Qi Feng Lin. "A High Resolution Statistical Model of Residential Energy End Use Characteristics for the United States". Journal of Industrial Ecology 14 (5) (2010)791807.

[78]   . Ugursal, V. I., & Fung, A. S. Impact of appliance efficiency and fuel substitution on residential end-use energy consumption in Canada. *Energy and Buildings, 24(2)* (1996) 137-146.

[79]   . B. Givoni, Climate Considerations in Building and Urban Design, Wiley, EUA, 1998.

[80]   . M. Santamouris (Ed.), Energy and Climate in the Urban Built Environment, James & James, Reino Unido, 2001

[81]   . Kolokotsa, D., Psomas, A., & Karapidakis, E. Urban heat island in southern Europe: The case study of Hania, Creta. *Solar Energy, 83*(10)(2009) 1871-1883.

[82]   . Fisk, W. J. Health and productivity gains from better indoor environments and their relationship with building energy efficiency. *Annual Review of Energy and the Environment, 25*(1) (2000) 537-566.

[83]   . Sarrat C, Lemonsu A, Masson V, Guedalia D. Impact of urban heat island on regional atmosphericpollution.AtmosphericEnvironment, 40 (2006) 1743-58.

[84]   . Urban Heat Island Pilot Project - Gorsevski, V., Taha, H., Quattrochi, D., & Luvall, J. Prevenção da poluição atmosférica através da mitigação das ilhas de calor urbanas: An update on the Urban Heat Island Pilot Project. *Actas do Estudo de verão da ACEEE, Asilomar, CA, 9,* (1998) 23-32.

[85]   . Giridharan, R., Ganesan, S., & Lau, S. S. Y. Daytime urban heat island effect in high-rise and high- density residential developments in Hong Kong. *Energy and Buildings, 36*(6) (2004) 525-534.

[86]   . Stone, Brian Jr., e Michael O. Rodgers. Urban Form and Thermal Efficiency (Forma Urbana e Eficiência Térmica): How the Design of Cities Influences the Urban Heat Island Effect. Journal of the American Planning Association 67 (2) (2001) 186-98.

[87]   . McPherson, E.G. A Methodology for Locating and Selecting Trees for Solar Control in Utah [Metodologia para a localização e seleção de árvores para controlo solar no Utah]. In Proc. 1981 Ann. Secção Americana da Sociedade Internacional de Energia Solar, Newark, Delaware, (1981) 369-373.

[88]   . U. Wienert, W. Kuttler, Statistical analysis of the dependence of urban heat island intensity on latitude, in: Fourth Symposium on Urban Environment, (2001) (online) http://www.ams.confex.com/ams/AFMAPULE/4urban/program.htm (acedido em 15 de abril de 2015)

[89]   . Emmanuel, R. Um hipotético "guarda-chuva de sombra" para melhorar o conforto térmico no exterior urbano do Equador. *Architectural Science Review, 36(4)* (1993) 173-184.

[90] . R. Emmanuel, Summertime Heat Island Effects of Urban Design Parameters, Tese de Doutoramento, Universidade de Michigan, 1997.

[91] . Z. Bottyon, J. Unger, O papel dos parâmetros de uso do solo no desenvolvimento da ilha de calor urbana em Szeged, Hungria, em: Fourth Symposium on Urban Environment, (2001) (online) (http://www.ams.confex.com/ams/AFMAPULE/4urban/program.htm) (acedido em 15 de abril de 2015)

[92] . Taha H. Climas urbanos e ilhas de calor: albedo, evapotranspiração e calor antropogénico. Energy and Buildings 25 (1997) 99-103.

[93] . DoE, U. S. Energy efficiency trends in residential and commercial buildings. Departamento de Energia dos EUA, Washington, DC, (2008) (em linha) http://apps1.eere.energy.gov/buildings/publications/pdfs/corporate/bt_stateindustry.pdf (acedido em 17th de maio de 2015)

[94] . Levine, M., D. Urge-Vorsatz, K. Blok, L. Geng, D. Harvey, S. Lang, G. Levermore, A. Mongameli Mehlwana, S. Mirasgedis, A. Novikova, J. Rilling, H. Yoshino, 2007: Residential and commercial buildings. Em Climate Change 2007: Mitigation. Contribution of Working Group III to the Fourth Assessment Report of the Intergovernmental Panel on Climate Change [B. Metz, O.R. Davidson, P.R. Bosch, R. Dave, L.A. Meyer (eds)], Cambridge University Press, Cambridge, Reino Unido e Nova Iorque, NY, EUA.

[95] . Iniciativa Edifícios, EUA e Construção. Buildings and climate change: status, challenges and opportunities, (2007). (online) http://www.unep.org/sbci/pdfs/BuildingsandClimateChange.pdf(acedido em 15 de abril de 2015)

[96] . Swan, L. G., & Ugursal, V. I. Modeling of end-use energy consumption in the residential sector: A review of modeling techniques. *Renewable and sustainable energy reviews, 13(8)* (2009) 1819-1835.

Printed by Books on Demand GmbH, Norderstedt / Germany